王文华

———

主编

成长，就是一场和自己的较量

新星出版社 NEW STAR PRESS

目　录

第一章　因为梦想，所以远方

> 成就一番伟业的唯一途径就是热爱自己的事业。如果
> 你还没能找到让自己热爱的事业，继续寻找，不要放
> 弃。跟随自己的心，总有一天你会找到的。
>
> ——乔布斯

第二章　苦难，是成长的礼物

苦难对于天才是一块垫脚石，对能干的人是一笔财富，对弱者是一道万丈深渊。伟大的人物都是走过了荒沙大漠，才能登上光荣的高峰。

——巴尔扎克

第三章　永远只做"第一名"

一个人想要成功，就要学会在机遇从头顶上飞过时跳起来抓住它，这样逮到机遇的机会就会增大。只要有坚强的持久心，一个庸俗平凡的人也会有成功的一天，否则即使是一个才识卓越的人，也只能遭遇失败的命运。

——比尔·盖茨

第四章　人生最难超越的是自己

凡具有生命者，都不断地在超越自己。而人类，你们
又做了什么？因此，请记住，凡不能毁灭我的，必使
我强大。

——尼采

第五章　真诚与热爱，我永不放弃

人生不只是坐着等待，好运就会从天而降。就算命中
注定，也要自己去把它找出来。真诚面对自己，越艰
困越要追寻本心；真诚面对人性，就算遗憾也令人感
动。

——李安

序

成长路上，有你真好

这是一本让孩子们期待已久的人生成长书，书中有乔布斯等十七位拥有独特生命历程，发扬生命价值的勇士，希望他们能闯入少年们的心中，轻撞年少的心灵。

书里的人物，如乔布斯一样，有自己的梦想，并且能坚持到底，忍受寂寞，在所有人都认为不可能，认为他们疯了、傻了的时候，他们笑一笑，窝回自己的天地，继续朝梦想前进。

人生没有公式，什么都有可能。这十七位像乔布斯一样"敢于做自己"的经典人物，只是银河里闪耀的群星。星星看起来很远，似乎触不可及，但是若能因此让读者认清自我，找到目标，坚持所选，一步一步，发光发热，总能在自己的轨道上，闪耀出属于自己的光芒。

每天与一位"就是和你不一样"的人物相遇，希望他们逐梦的故事，能引发一连串的热烈反应。希望这些人的故事，能触动某些心灵。相信只要持续以恒，再提供一块自由呼吸的沃土良田，下一个时代，就会开出更多色彩艳丽、造型奇特的花来。

就像梦想，只要敢飞，就能乘风远去。

第一章

因为梦想，所以远方

成就一番伟业的唯一途径就是热爱自己的事业。如果你还没能找到让自己热爱的事业，继续寻找，不要放弃。跟随自己的心，总有一天你会找到的。

——乔布斯

乔布斯：我的人生三堂课

今天很荣幸能参加这所全球顶尖大学的毕业典礼。坦白说我大学根本没毕业，所以现在大概是我最接近大学毕业典礼的一刻。今天我想跟大家分享自己人生中的三个故事；没有什么波澜壮阔的情节，就只是三个小故事而已。

第一个故事：人生片段的连结

我进里德学院（Reed College）才六个月就休学，却继续在学校待了大约十八个月才真正离开。我休学的原因得从我出生前开始讲起。我的生母是个年轻的未婚妈妈，在大学念研究生，她决定把我交给别人领养，并坚持领养人必须具有大学学历，所以她安排好一切，要让一对律师夫妇照顾我。

就在我出生后，这对夫妻却临时反悔，因为他们想要的是女孩。我的养父母排在候补名单上，于是在半夜里接到一个询问电话："这里有个小男婴要找人收养，你们有意愿吗？"他们满口答应。后来我的生母发现，我的养母并没有大学学历，而我的养父根本连高中都没毕业，所以她拒绝在最后的领养文件上签字。不过我的养父母向她保证将来一定让我上大学，所以几个月后我生母的态度终于软化。

这就是我人生一开始的遭遇。十七年后，我的确进了大学，却天真地选了一所几乎跟斯坦福一样贵的学校。我的父母是蓝领阶层，为了筹集学费掏出了毕生积蓄。六个月后，我认为上大学一点意义也没有，不知道自己未来的人生方向，也不知道上大学对这方面有什么帮助，却要为了上大学，花光父母所有的存款，所以我决定休学，相信船到桥头自然直。当时这个决定着实让人忧心，但现在回头看，那是我这辈子做过的最好的决定。

休学之后，我再也不必上无聊的必修课，可以旁听自己喜欢的课，只是情况并不完全美好。我没有宿舍可住，只能在朋友的房间打地铺，靠回收可乐瓶每个五毛钱的回收金填饱肚子，每个星期天晚上我会走七英里路，到镇上另一头的印度教神庙吃顿大餐。我喜欢这样的生活。当时我出于好奇，依照直觉选择走这条路，路上遭遇的种种障碍，如今都成为生命中的无价之宝。

举例来说，当时里德学院提供了堪称全国第一流的艺术字课程，校园里的所有海报、抽屉上贴的标签，全都是美丽的手写艺术字体。由于我已经休学，不必修一般课程，所以我决定去上艺术字课程，学习衬线字体（serif）与无衬线字体（sans-serif），也学会变更不同字母组合的字符间距，更了解了活字印刷术的伟大之处。艺术字体具有的精致之美及其历史与艺术特质，是科学所无法呈现的，这点让我深深着迷。

我从没想过学这些对未来有什么实际帮助。但十年后我们在设计第一台 Mac 电脑时，我回想起当时所学的一切，因此在 Mac 电脑里设定了这些字型，打造出第一台具有漂亮字型的电脑。如果当初我没有旁听这门艺术字体课，Mac 电脑就不会设定多种字体以及字符间距完美的字型，而由于微软的 Window 系统正是抄袭 Mac 电脑，所以很可能个人电脑就不会有这些设定——如果我没有休学，就不会旁听艺术字课程，而个人电脑可能就不会有现在这些漂亮的字体。

我在里德学院时，当然无法预见未来，察觉这些事之间的关系，但是十年后回顾一切，每件事的关联都变得十分明确。

我得重申，你无法预见各种事情之间的关联，必须等到将来回头看才会明白，所以你必须相信现在生命中的一切必定会影响未来。你必须抱持某种信念，不论是相信自己的胆识、命运、生命或是因果都好，你必须相信目前的一切会影响未来，才有信心顺从直觉，即使选择的道路与一般人不同亦无所惧，唯有抱持这种信念才能成就不凡的将来。

第二个故事：热爱与失去

我很幸运，年轻时就找到自己毕生的职业志向。我在二十岁时与朋友合作，在我父母家的车库里创办了苹果电脑。我们努力打拼，十年内就让苹果的规模从一间车库、两个员工，扩展为市值达二十亿美元、员工人数超过四千人的公司。在此前一年，我们才刚推出最佳杰作——Mac 电脑，我当时刚满三十岁，却在此时被公司开除。我怎么会被自己创办的公司开除？这么说好了，随着苹果电脑的规模逐渐扩大，我们请了一位十分有才干的人和我一起经营公司，第一年一切都进展得很顺利。但后来我们对未来的愿景开始产生分歧，最后终于决裂，而公司董事会决定支持他，于是我就在三十岁时被公司炒了鱿鱼，而且还闹得众所周知。

我顿时失去生活重心，简直就像世界末日降临一般。之后几个月我完全不知所措，觉得自己让企业界前辈失望，失手弄掉了他们交付给我的接力棒。我简直是公开的失败者，甚至想逃离硅谷……后来我慢慢想通了，我仍然热爱原先的工作，这股热情丝毫没有因为在苹果遭受的挫败而改变。我虽然遭到否定，但仍怀有热情，所以我决定从头来过。

当时我没看出来，但现在仔细回想，被苹果开除其实是我人生中最好的经历。重新开始的轻松取代了成功的重担，一切都充满可能性。我因此获得解放，进入这辈子创意最丰富的时期。接下来的五年内，我创办了NeXT以及另一家公司皮克斯（Pixar），同时也爱上一位绝妙女子，并娶她为妻。皮克斯制作出全球首部全电脑动画电影《玩具总动员》，如今已是全球最成功的动画公司。接着我的人生出现转折点，苹果并购了NeXT，我重新回到苹果，而NeXT所开发的技术更成为苹果重生的关键；同时我与劳伦也共组了幸福的家庭。

我很确信，如果当初没有被苹果开除，刚刚提到的事都将成为泡影，这就像是我人生的苦口良药。有时人生会遭遇迎面而来的重击，但不要因此失去信心。我深信支持我继续走下去的动力，就是我对工作的热爱。一定要找到自己的所爱，这个道理不但适用于职场，在情场上更是如此。工作将成为生命中的一大部分，唯有从事自己认为理想的工作，才能获得满足感；而只有热爱工作，这份工作才会成为自己心目中理想的事业。如果你还没找到自己喜欢的工作，请继续追寻，不要妥协。一旦你找到热爱的工作，自然就会知道，所有与内心有关的事物都是这样，而随着你年复一年地投入，一切将渐入佳境，就跟所有理想的关系一样。所以请继续追寻，不要妥协。

第三个故事：死亡

十七岁那年我看到一句话让我印象深刻，大致上是说："把每一天都当成生命中的最后一天，总有一天你会猜对的。"从那时起，往后的三十三年，我每天早上都看着镜子自问："如果今天是我人生的最后一天，我会想做今天要做的事吗？"如果连续好几天的答案都是"不会"，我就知道该做些改变了。

提醒自己即将不久于人世，是我人生中最重大的遭遇，也成为我做重大决定时的重要工具，因为几乎一切事物，包括外界的各种期望、所有荣誉、面对困窘或失败的恐惧，在面对死亡时都已经不再重要，剩下的才是真正具有价值的东西。用死亡提醒自己，是避免陷入患得患失情绪最好的方法。一切都是生不带来，死不带去，何不率性而为。

2004年，医生诊断出我得了癌症。我在上午七点半接受断层扫描，检查结果确定我的胰脏长了一颗肿瘤，当时我根本连胰脏的功用都搞不清楚。医生告诉我，他几乎肯定这种癌症无药可医，我大概只剩三到六个月可活。他建议我回家好好安排未来，这是他们表达"准备等死"的另一种说法，表示你得在几个月内，把未来十年想对孩子说的话讲完，也表示你得好好向家人说出内心想法，让他们能面对这件事。这表示你得向大家道别了。

我整天都在想这个诊断结果。当天晚上我做了切片检查，医护人员将内视镜伸进我喉咙，进入胃部再伸进肠子，然后用探针从胰脏的肿瘤里采集一些细胞。我当时接受麻醉不省人事，而我太太在场陪着我。她告诉我，医生用显微镜检查癌细胞后高兴得大叫，因为那是非常罕见的胰脏癌，可以靠外科手术完全切除。我动了手术，很幸运的，现在已经没事了。

那是我最接近死亡的一刻，希望也是未来几十年最接近的一次。在鬼门关前走了一遭，死亡已经不再是单纯出于想象的实用概念，现在我能比之前更肯定地告诉大家这一点。没有人想死，即使是想上天堂的人，也不想经历死亡才进天堂，但死亡是所有人共同的终点，没人逃得过。这是自然的法则，死亡极可能是生命最伟大的发明，是带动生命改变的媒介，为我们送旧迎新。现在你们是新的一代，但总有一天你们也将步入老年，离开人生的舞台。抱歉形容得这么戏剧化，但事实就是如此。

生命短暂，不要浪费时间过自己不想要的生活；不要受教条所限，依照他人的想法过日子；不要让他人的意见盖过自己的心声、想法和直觉。你的内心早已明白自己未来的方向，其他人的想法都只是次要的参考意见。我年轻时有一本很著名的期刊叫《全球概览》（*The Whole Earth Catalog*），可说是我那一辈人人必读的圣经。最后一期的封底有张照片，是清晨的乡间道路，照片下有一行字：

求知若渴，虚心若愚。

那是编辑群向读者道别时留下的讯息。"求知若渴，虚心若愚"，我总是如此期许自己，现在你们毕业了，即将拥有崭新的人生，我也以此期许你们：

求知若渴，虚心若愚（Stay hungry, stay foolish）。

谢谢大家。

◎乔布斯于美国斯坦福大学演讲文（方淑惠译）

❦ 成长悟语 ❦

你的时间有限，所以不要为别人而活。不要被教条所限，不要活在别人的观念里。不要让别人的意见左右自己内心的声音。

活着就是为了改变世界，难道还有其他原因吗？

自由从何而来？从自信来，而自信则是从自律来！

在你生命的最初 30 年中，你养成习惯；在你生命的最后 30 年中，你的习惯决定了你。

伟大的艺术品不必追随潮流，它本身就能引领潮流。

只有疯狂到认为自己能改变世界的人，才能真正地改变世界。

林义杰：永不放弃，跑出生命的宽度

2007 年，林义杰[①]与两位国际好友以 111 天的时间，用双脚横越撒哈拉沙漠，不仅创下人类的新历史，更带领我们关心非洲水资源的问题。林义杰让世人从他身上看到台湾人的坚强毅力，也鼓舞了台湾人的士气。一路跑来，林义杰如何克服重重考验，实现他的梦想？是什么培养出他坚毅的个性？

请看林义杰的回答。

很多人问我为什么要选择这么辛苦的冒险运动。在别人眼里，我是在从事一个很辛苦、很危险的运动，可是就我看来，因为我做了充分的准备与计划，我就不觉得它很危险，因为要

---

①林义杰，1976 年 11 月 19 日出生，台湾著名马拉松运动员，获得第二届中国户外年度金犀牛奖、四大极地超级马拉松巡回赛冠军等多项荣誉。

比赛就会有准备，它让我学习到处理很多事情的态度。

当然，一开始做个运动员，并不是我父母对我的期待，父母的期待总是希望小孩可以当个公务员，或是医生、律师。可是我从小爱运动，于是选择了跑步。到了高中以后，自己离家去西湖工商，主要是那里有很好的田径队，我去那里找教练。以前会觉得小时候并不知道自己在做什么，现在回头看，却发现我小时候其实挺有目标的。就因为一个兴趣，我很执着，就去从事。

很重要的是我的态度，我去西湖工商三次，老师才接受我。因为我没有什么成绩，他们不怎么敢用我，他们是重点的田径学校，是正规的训练，不像一般学校的田径队。所以进去的人都是区中运前两三名、很厉害的学生，而且身材又好。但是我去的时候，我的背包比我的人还大，那时候老师还以为我是小学来的。到最后老师终于接受我苦苦的哀求，我很高兴，就这么开始了正规的田径训练。

磨练从起床、打扫开始

潘瑞根教练对我影响很大，如果没有他，就没有林义杰的故事。

在人格教育的培养上，家庭环境当然影响很大，但学校老师的影响也很重要。学校教育不在于培养学生多会念书或是养成功利主义，要学生去争第一。学校教育应该是让小孩子知道自己的梦想是什么，而且能去付诸实行。在这个过程中，不是要教他去吃掉人、击败对方，而是要培养出自我的社会责任，以及自我成就的期待。如果忽略了这些生活上的磨练，长大之后，就算很会读书，可是道德感不够，就会很可怕了。

我们的教练潘瑞根最注重的就是生活纪律，他很负责，是一个很特殊的人。他认为要做一件事就要全力以赴。还有，他的时间管理是非常严格的。比如，我们早上要五点起床。他会安排学生轮流值日，按时叫大家起床。我那时记忆最深刻的就是有位学长叫人起床，就这样叩、叩、叩（用力敲床板）。那时真的很痛苦，但这就是磨练，一个耐心的培养。

起来之后，五点半出去训练，到八点多回来就开始打扫。我们要一天打扫三次，要打扫到不能摸到灰尘，学长会检查。我发现从打扫的过程中，会磨练到心智的成长。我们的教练很重视打扫这个环节。那时，我在一篇日记里写道："来到西湖，你要学会如何打扫。"

我那时觉得真是比当兵还辛苦，可是我们的教练认为，如果生活纪律不好或是懒散的话，你怎么能成为一名优秀的运动员？而且会影响到你的态度。他的确是一位对我影响很大的老师。

如果你放弃，就只能在旁边看

会对运动这么坚持，可能是我爸妈从小常常带我们去爬山，我就变得很爱运动，在运动中慢慢养成了这种坚持的个性。因为在运动中如果你决定放弃，就只能在旁边看别人运动，那就不好玩了。

我是六年五班的，是在比较富裕的环境中长大的孩子。那时候班上的同学每个人都会去补学很多才艺，我也有补，可是我都逃课，跑到国父纪念馆喂鱼，后来成绩变得不好，但并没影响我的自信心，可能是我在其他方面的表现还不错吧。

运动比赛输赢的压力，小时候还没什么感觉，但是到了高中，对输赢有时候会挺自责的，那时候就会鼓励自己再接再厉。我那时候每天都会写日记，这也是在西湖的时候培养出来的，老师也会改我们的日记，每天都写，其实挺有趣的。在写日记的过程中学到自省，渐渐了解自己发生了什么事情，教练看到之后，也会给一点建议。那时候教练所给予的关心就是一种支持的力量，有时输掉了比赛，他会鼓励我再接再厉，对我有所期待。

我觉得体育或艺术对人格的培养真的很重要，很可惜的，我们以前常常被借用的课就是体育课、音乐课与美术课。

遇到重大的挫折怎么面对？

我会开始参加超级马拉松，就是因为遇到了一个重大的挫折。

我在1998年的时候，向教练承诺，我一定会拿到区运会的前三名。然后，我每天非常有目标地训练，而且那时候我的成绩都可跑到全台湾前三名。我非常认真训练三个月，结果在比赛前一天，阿基里斯腱急性发炎，很惨！我被迫放弃一万公尺的比赛，然后一直打消炎针。六天我打了七次消炎针，我不愿放弃，还是去参加马拉松比赛。我还记得那天早上老师帮我包扎，还问我："你确定你要参赛吗？你现在没感觉是因为你打了消炎针，等感觉恢复，你就会非常痛苦。"我说："我确定！"然后我就下去参赛了。

在前面三十五公里我都保持前三名，可是再下来我开始痛了，只好跳着向前，而且包扎的地方都磨得流血了，我跑到三十八公里的时候，我放弃了。所以我有放弃的时候，我不是每次都很厉害，没有人可以这样子的。

我那个时候非常地自责，于是决定参加下个月路跑协会一百公里的比赛，我就这样进入了超级马拉松。

进去之后，觉得挺刺激的，我连续拿了三次台湾超级马拉松一百公里的冠军，而且一直打破纪录。

主动跑向国际盛典

国际比赛，则是我自己争取进去的。那时候跑马拉松认识了可口可乐大中华地区的 CEO，他热爱运动，我们常常约在一起跑步，他可跑一百公里、跑二十四小时，还参加过马拉松七天六夜的比赛。他跟我讲，如果我是一个马拉松选手，却没有参加过摩洛哥撒哈拉沙漠七天六夜的比赛，人生枉走一回，因为那是一个马拉松选手的盛典。我在 2002 年自己去报名参加这个比赛，自己开始准备，我就喜欢上这个运动了。

超级马拉松好像在比人的拉力赛，第一天赢不见得第二天是赢，第二天赢，不见得第三天是赢，要看每天成绩的总和。我觉得好刺激，于是就爱上这个比赛。那一次我是跑第九名，是十七届以来亚洲人第一次跑进前十名的。我发现我挺适合这种运动的，这是我很幸运的地方，我在三十岁之前就找到我很适合的一样东西。

之后还去参加了很多比赛，中国大陆的戈壁、智利的阿塔卡马沙漠（Atacama）、亚马孙河、南极、埃及的撒哈拉沙漠……成绩最好的是智利阿塔卡马的比赛，我拿到第一名。

这次横越撒哈拉大沙漠，没有人使用骆驼、车子、自行车等任何工具，可以说是创下了人类历史纪录。我在途中遇到一些游牧民族，听到我们从哪里跑过来，都不敢相信。因为这里环境相当险恶，而且是个战区，地下埋有很多地雷，武装分子神出鬼没，危险不只来自大自然，人为因素占更多。更危险的是人，而不是环境，虽然环境是一个很严酷的挑战。

我们算是幸运，可以把这个任务完成。这是人类历史啊！我们跑了 111 天。电影公司还为此拍下了纪录片《决战撒哈拉》（*Running The Sahara*）。

沙漠里的眼泪

跑过这么多地方，从沙漠、冰原、戈壁到极地，每一场比赛，准备时都非常兴奋，可是到了后面的阶段，当看到的东西越来越多了，社会的角落也好、世界的角落也好，尤其是我去的地方，真的是"角落"，我看到越多的时候，心里真是越痛。比如说南极，这么美丽的地方，你会看到温室效应的问题。到了非洲，你看到那些小孩子，会想到医疗、社会不平等、人为的问题，越看越担心。

有人问我为什么在沙漠里哭那么多次，流下眼泪，并不是因为身体的痛或孤独感。流下眼泪是因为我看到好多好美丽的地方，自然而然引发出内心高涨的情绪。

有一次在毛里塔尼亚，那个凌晨我们跑到一个地方，有好大一片湖在沙漠里，绿色的植物长在其中，当太阳慢慢从湖面升起，当地的人划着竹筏向前进，我看到那个景象的时候……我的妈啊！我的眼泪就自动流下来了，很美！非常美！就让我想起，我过去在台湾曾经跟我的朋友在某个地方所看到相同景色的那种感觉。我就回想起我的同伴、同学等许多情景。

在撒哈拉沙漠里，感觉好像是自由的，却又是不自由的。因为我每天都要跑那么长一段距离，那时候就会问自己："什么是自由？"

等回到台湾这么现代的地方，你就会更珍惜它、更爱身边所有的事物。

我还记得在沙漠中遇到一个七岁的小男孩，他爸爸骑着骆驼到两百公里以外去找水，他妈妈在五十公里以外不知道在做什么，这个小男孩要一个人照顾自己。这小孩的爸爸杀了一只羊放在旁边，小孩饿了就自己生火烤肉来吃。七岁，他就能够这样照顾自己。相信任何人看到了，都是会流眼泪的。

未来，准备传承

我想做一个很好的典范，运动员不只是会运动而已，他可以去挑战任何不同的事情，他们的坚韧度特别高，因为他们决心去做一件事情的时候，就会好好去做。运动员也不是头脑简单四肢发达，他们是头脑不简单，而四肢更发达。我想打破台湾这种传统的误区。

我已经在想传承的工作，因为不能只是林义杰一直在跑，因为如果只是这样一直跑下去，我的人生会变得毫无目的。我必须要有一些传承，在一百万人里头，我去找出两个、三个想要做这件事的人，然后去培养他们。要培养未来的学生或我的小孩，最重要的就是培养遵守纪律与正确的生活态度。

　　成功的定义对我来讲就是完成了一项任务。重点在于过程，在于是不是用心尽力去完成这个任务，这就是成功。

◎许芳菊（采访整理）

成长悟语

比击败对手、吃掉别人更重要的是知道自己的梦想是什么。

我也放弃过，要知道，人不是每次都很厉害。

人的生命如同一个长方形。生命存在的意义，就是它的面积。

生命的宽度掌握在每个人自己手中，丈量死亡的脚步可以跑出生命的宽度。

如果我今天放弃的话，明天会不会后悔？

没有试过，你永远不知道。

许芳宜：成为世界的无可替代

拼命跳舞的女孩

黑漆漆的夜晚，一个十岁的小女孩骑着自行车，经过宜兰市中山国小后操场。这段路没有路灯，除了小女孩孤单的身影，没有其他行人。

每次经过这里，小女孩总是担心：路旁会不会跳出专抓小孩的魔鬼？乌漆抹黑的草丛里，躲着什么怪物？她越想越害怕，害怕得将踏板踩得飞快，但是为了上心爱的舞蹈课，这么可怕的路，她一个星期得鼓起勇气走两次。

小路弯进一片明亮的灯光，"凤翎舞蹈社"到了，这儿是小女孩学民族舞的地方。

"芳宜①，今天你又是第一个到喔。"李宝凤老师笑着对她说，小女孩报以腼腆的微笑，转身换好衣服，迫不及待地想早点儿练舞。

这个小女孩叫做许芳宜。她有一双大眼睛、额头又高又亮，或许因为在学校功课不好，让芳宜看起来害羞又沉默，总是安静地站在角落里。但是只要上起舞蹈课，她仿佛就变了一个人。

同样一支舞，别的孩子练一遍，她可以练四五遍；她总是不停地练、不停地跳，跳到其他孩子都喊累、喊痛了，宝凤老师也没听她吭过一声。跳舞时的那一股拼劲，让人想不注意她都难。

而且，只要开始跳舞，许芳宜的话就变多了。

"老师，我练完下腰了。我现在可不可以学双手正翻？"

"老师，双手正翻我也练好了，您可不可以教我单手正翻？"

"学姐的扇子舞跳得好棒喔！老师，我什么时候也可以做到那样？"

"老师……"

宝凤老师教过那么多学生，芳宜是少数对跳舞有狂热追求、自我要求又很高的孩子。

---

① 许芳宜，1971 年生于台湾宜兰县，国际知名舞蹈家，现旅居美国纽约，被誉为"美国现代舞之母玛莎·葛兰姆的传人""杰出舞蹈家"。

不少的夜晚，同学都走光了，芳宜还留在教室里，把宝凤老师教过的舞，一遍又一遍地跳；数不清有几次，她问老师，明天可不可以留下来加课？

宝凤老师的眼里，藏不住得意：这个原本只是想来"跳跳看"的小女孩，看来已经疯狂地爱上跳舞了……

虎父无犬女

练完舞，许芳宜开心地骑着自行车回家。她一进家门，原本要轻轻把门带上，结果手一滑，"砰"地发出声响。芳宜心里想：完蛋了！

果然，爸爸从房间里出来，看了她一眼。

她全身紧绷，马上对着门说："对不起，刚才我太用力了。"接着按照爸爸订下的规矩，轻手轻脚地把门打开、关上，重复十次才停止。爸爸点点头，她才赶紧回到自己房间。

"吁——还好今天没有被骂。等一下洗好澡，我一定要记得关热水器的瓦斯，不然，又要跪在瓦斯前面大声说'我爱瓦斯'了！"许芳宜不断地提醒自己，就怕等一下又忘了做爸爸规定的事。

许爸爸是一家西药房老板，管教子女非常严格。

他希望从日常生活中，培养孩子的品格和态度。所以许家规矩一箩筐，轻轻关门和关瓦斯只是其中两项。如果没做到，就会被处罚。

他书读得不多，吃过不少苦。他要求孩子功课要好，以后才能成为有用的人。有一次，芳宜考试没考好，他就带芳宜去菜园拔草，让她体验一下：劳动流汗跟在家念书比起来，哪个比较好？

爸爸也用高标准要求自己。像是和人有约，只能比对方早到，绝不迟到；凡事说到做到，宁可吃亏，也不占便宜。他常说："努力不一定成功，成功一定要努力。"

许爸爸的西药房每天清晨四五点开始营业，直到半夜十二点才打烊。

芳宜跳舞时认真专注的模样，简直就是许爸爸的翻版。

开心跳三年

升上初中，功课重了。芳宜的成绩却一直停在中段班，许爸爸担心她以后只能到工厂当女工，宝凤老师建议："芳宜的舞跳得不错。何不让她试试去考舞蹈学校呢？"

爸爸接纳宝凤老师的建议，让芳宜报考"国立"艺专和华冈艺校。

"国立"艺专的术科要考"芭蕾舞"，许芳宜却从没接触过芭蕾。考试那天，跟着人家穿着紧身衣，套上舞鞋，原想芭蕾舞应该跟民族舞蹈差不多吧，等她进了教室，听着主考老师讲解的话，她才发现，原来舞蹈还有分科，站在前头示范的同学以45、90、180度不断改变身体和脚的方向，她站在台下，却搞不懂那是怎么一回事，只能依样画葫芦地转呀转呀，心里想的是：完了，完了。

果不其然，满分十五分的芭蕾舞，许芳宜只得三分。这位未来的玛莎·葛兰姆舞团首席舞者生平第一次考试，三分的成绩仿佛给了她重重的一拳。她原以为自己唯一的强项就是跳舞，望着"三分"成绩单时，她才明白：强中更有强中手，想成功，只有不断地苦练。

紧接着的华冈艺校考试，宝凤老师请人为她恶补两堂芭蕾舞课，芳宜凭着恶补及以前的基础，终于考进华冈艺校。

在华冈艺校，芳宜遇到一群对她关爱的老师，结交了一群热爱舞蹈的好朋友。芳宜在华冈艺校开心地跳了三年舞，高三时，参加保送甄试，一路顺利地考上"国立"艺术学院。

开学第一天,芳宜因为肠胃炎挂急诊,错过现代舞第一堂课。

教现代舞的外籍老师罗斯·派克,曾是全球知名的玛莎·葛兰姆舞团的主要舞者与副艺术总监。他上课时严肃、专心,并以专业舞团的标准来训练学生。芳宜以战战兢兢的心情,去上第二堂课。

下课后,一位学长告诉芳宜:"罗斯·派克老师总是说你很有潜力,还一直问你从哪里来……"

罗斯·派克老师发现芳宜身上,有着别的舞者没有的特质,只要她一站上舞台,立刻就能成为众人的焦点,因此,不断地鼓励她,不断地给她机会上台表演。他曾对芳宜说:"台上因为对的态度而迷人,台下因为好的态度让人迷。"这是罗斯·派克老师给她最大的财富,她下定决心:"我将来一定要当专业舞者!"

孤独、成全与成就

1994 年,芳宜大学毕业后,打算留学,志在进入专业舞团。

"留学?不必了吧?找个固定的工作,嫁个忠厚老实人,平平顺顺的,不是很好吗?"许爸爸不肯答应。

芳宜执意要去,她自己申请到文建会与葛兰姆学校的全额奖学金，许爸爸见她的心意如此坚决，考虑好久，这才点头放行，临行前还和她约法三章："无论你做什么事情，跳舞或念书，三年后一定要回来。"

芳宜答应了。

从小到大，许爸爸对孩子永远说话算话，她早早就学会，要让爸爸放心，就是要信守承诺，这个"三年后回家"的约定，不是随口一个交代而已，她说到就要做到。

为了当一名好的舞者，许芳宜在纽约的日子，是靠泪水和汗水堆出来的。

初到纽约，芳宜每天带着《舞蹈杂志》，翻着后面的舞蹈教室和舞团资讯，搭地铁一间一间去找，不放过任何成为专业舞者的机会。但她第一次去考试就被淘汰！三个月后，才终于考上依莉萨·蒙特舞团。这是芳宜这辈子的第一份工作，让她好开心！

1995 年 2 月，芳宜在两百人的激烈竞争中，打败其他一百九十八个人，考上纽约最棒的玛莎·葛兰姆舞团！最棒的舞团，当然也有最严格的要求，她常常练舞练到指甲裂了，曾经两度清楚地感觉到骨头断了的声音。那一刹那，她的眼泪狂飙，觉得再也站不起来了，可是，到了台上，她还是强逼着自己，展露微笑面对观众。

许芳宜受伤的经验不少，受过伤的脚划过地皮，那股子痛，会让人想撞墙，她总是用布把脚尽量缠起来，不让它直接接触地板，因为它越磨会越开，很痛，特别是裂掉那种，就是像被刀划到，而且不是表面划到，是一种深到里层的痛。

这样的痛是舞者必须承担的苦。前几年，她曾回台加入"云门舞集"担任独舞者。一次排练中，颈椎神经受到压迫，足足有三个月，她上半身动弹不得。许芳宜说，当时她害怕极了，后来体会到："舞者永远不知道下一秒钟会发生什么事，所以决定认真过日子，认真跳舞，不再沉浸在害怕中。"

许芳宜还说："因为喜欢，从不觉得练舞很辛苦，但是如何做到修行般'自律'的状态，却让人感受良多。"

独自在美国的许芳宜，最怕爸爸打电话来问她过得好不好。

"很好，爸爸请放心。"她总是这么说。

思女心切的许爸爸，有一回特别飞到纽约去看她。到了纽约才知道，这个口头一再保证自己很好的女儿，住在一间又小又破旧的公寓里，冰箱里只剩下一小块巧克力，其他的，什么都没有。

纽约的天空，偶尔阴雨绵绵，许芳宜的认知里，却没有懒惰的时候，别人放假去玩，她留在舞团里练习，别人想要放松心情时，她督促自己持续练下去。

这就是自律。

因为自律，许芳宜用最短的时间，从一个默默无名的菜鸟舞者，成为玛莎·葛兰姆舞团首席舞者。她就像一颗快速崛起的明星，引来了媒体的注目，纽约的报纸上经常报道她。当红的程度，连她出外旅行在转机时，都有人悄悄靠近问："你就是那个很会跳舞的台湾舞者吗？"

纽约时报曾经整版报道她，舞蹈评论家说，来自台湾的许芳宜，不但是美国知名的玛莎·葛兰姆舞团首席舞者，甚至是二十世纪现代舞宗师葛兰姆的传人。

1997 年 7 月，芳宜信守承诺，以三年又多了几天的时间回到台湾，虽然超过了几天，但许爸爸开心地说："不满意，还可以接受啦！"

一路走来，许芳宜不断地面对挫折与伤痛，但是，即使她曾经穷到身上只剩下三十七块美金，她也不曾放弃过，因为她知道，只要站上舞台，她就是最富有的舞者。选择舞蹈，爱上舞蹈，从宜兰一路跳到了纽约，那个深夜骑车的小女孩身影，那个逗留在舞蹈教室里的身影，全在不知不觉里，变成最美的舞姿，从台湾到国际……

◎吴宝娟、王文华

﹩成长悟语﹩

努力不一定成功，但成功一定要努力。

每个人都应该做自己喜欢的事，用自己目中无人的喜欢和旁若无人的努力，成为世界的无可替代。

你永远不知道下一秒钟会发生什么事，所以，认真过日子，认真做自己喜欢的事，不要让害怕阻挡你的脚步。

我也会怕，可是，我会假装勇敢，然后在这个过程中，学会真正的勇敢。

自律是一个人获取成功所需的最优秀的品质。

第二章

苦难，是成长的礼物

苦难对于天才是一块垫脚石，对能干的人是一笔财富，对弱者是一道万丈深渊。伟大的人物都是走过了荒沙大漠，才能登上光荣的高峰。

——巴尔扎克

罗丹：刻出不平凡的伟大

巴尔扎克是法国十九世纪最伟大的小说家之一，他曾经发出豪语："拿破仑用剑不能征服的地方，我要用我的笔来征服。"

今天，巴尔扎克的小说已经被翻译成一百多种语言，各国的人都在热诚地拜读它，被它影响，受它感动。

法国另一位大作家雨果就曾说："过去人们仰望的都是统治者，但是现在，我们开始懂得仰望思想家，那都是因为巴尔扎克改变了我们。"

为了纪念巴尔扎克，法国作家协会主席左拉，向他的老朋友、雕塑家罗丹下订单，请他做一个巴尔扎克的像，立在街头，供人瞻仰。

罗丹是谁？罗丹是法国最伟大的雕塑家，出生在 1840
年。

像是说好了似的，几位世界重要的艺术家，几乎都在那几
年出生。

1839 年——塞尚。

1840 年——莫耐。

1841 年——雷诺阿。

难道是上帝在同一时间，派出他最钟爱的天使下凡来，让
他们在世上挥洒一番，在人间留下这么多美好的作品？

罗丹也是其中一位。

罗丹十四岁时看过一本米开朗基罗的作品，于是坚持要走
艺术这条路。

罗丹的父亲认为艺术不算是正当行业，要他读法律，将
来才能养活自己。罗丹不肯改变志向，母亲和姐姐支持他，
合力说服父亲，父亲这才勉强同意让他进入学费较低的设计
学校学习。

在设计学校，罗丹如鱼得水，学得又认真又快。罗丹的精
力旺盛，第一年学画画，因为没钱买颜料，只能画速写，好不
容易有人送他一盒颜料，才画了一回就被人偷了。

有一次罗丹无意中打开模型室的门，看见里面的雕像，

他竟然感觉自己欢喜到快要飞上天了："我就是要学雕塑、做雕塑。"

罗丹的五指短而有力，天生就是学雕塑的料，老师教他的技巧，一学就会，双手终日泡在雕塑胶泥里，他也不累，只觉得其乐无穷，越做越起劲。

就在罗丹沉醉在雕塑的天地里时，一向支持罗丹的姐姐玛丽，竟然过世了。

罗丹受到很大的打击，想放弃自己的艺术生活，进了修道院当见习修士。

罗丹修士和其他修士不同，他一有空就在墙边、纸上涂涂抹抹，神父觉得他不适合宗教生活："一个人要走向宗教，不是那么容易的，我觉得你其实应该继续在艺术上发挥。艺术也可以拯救人心的。你的姐姐去世是个悲剧，所以，你更要把你自己给救出来呀。"

或许神父的话奏效，罗丹终于重回世俗生活之中。

苦难还没放过罗丹。重回艺术天地的罗丹对自己的雕塑很有信心，谁想得到呢，他连续三年报考巴黎美术院，竟接连三次落榜。

最后一次，一个老教授还在他的报名单上写着：

此生无可造就，毫无才能，完全不懂造型，继续报考，纯属浪费，名列第四十一名。

这位老教授大概想不到，他从此被世人记住了。

不是巴黎美术学院教授的身分，而是因为他在罗丹的报考单上写下这几句话，让未来轰动世界的雕刻巨匠，被他那几句话，给永远挡在巴黎美术学院门外了。

罗丹的落榜有其缘由。在当年的环境中，不管是学院还是公共机构，他们都是保守的，这些教授推崇古希腊、罗马的作品，认为只有古典、唯美才是真正的美感。学生们想进美术学院，想要获得社会上的名声，可以，请模仿吧，只要按照古希腊、罗马作品做机械性的模仿。

谁能做得越华美越脱离俗世，谁就是艺术大师。

罗丹不是，他观察自然，他写生人物，他创造出来的作品充满了生命力，却不见容于学院里的老教授。

进不了美术学院，罗丹先后在各种工作室里当装饰工人，利用晚上的休息时间，他才能创作，他没钱用胶泥浇铸青铜，只能不断地利用湿布保持作品的湿度。罗丹早期的作品，常因保存不当，不是太干燥断裂，就是太湿而塌掉。

想想多可惜，如果那些作品都能留下来，我们现在，会有多少和《思想者》一样伟大的作品？

不能进美术学院，年轻艺术家想要出人头地，还可以参加官方举办的沙龙展，只要能到沙龙展览，就有机会得到收藏家、公共机构的订单。

罗丹第一次参加沙龙展，只能找流浪汉当模特，约定好以一碗汤作为报酬。

这是一个面部奇特的老人，鼻子扁平，他试图抓住老人淳朴的性格，用了一整年的时间，全花在这一尊命名为"塌鼻男人"的雕像上。罗丹对它寄予厚望，把它送去参加沙龙展。

《塌鼻男人》却落选了。

评论家认为它太逼真，违背了甜美作品的要求，否决它的参展资格。

这样的事，罗丹遇过很多次。

几年后，他的《青铜时代》还被人怀疑是用活生生的人体翻模制造出来的。

他举世闻名的《思想者》第一次展出时，也被人们称为妖怪、猿人。

罗丹的想法超越同时代的人，那些自然呈现的人体，刻画了岁月痕迹的躯体，那么不像古希腊华美的风格，引起人们群起的攻击，媒体的打击。

罗丹毫不退缩，坚持己见，就像他做巴尔扎克的雕像一样。

罗丹想用全新的方式来创作巴尔扎克，他泡在图书馆里重新阅读了巴尔扎克所有的作品，搜集巴尔扎克的所有文献资料，甚至跑去巴尔扎克的家乡图尔，研究当地的地形地貌，看看是怎样的地方，生养出这样一位举世皆知的大文豪。

虽然巴尔扎克去世已近半个世纪，但是，见过巴尔扎克的人还有不少，罗丹访问他们，他决定要让他的巴尔扎克和写出《人间喜剧》的小说家本人一样，不仅有头脑，还要是一个伟大的造物者，反映出巴尔扎克的真实面貌。

罗丹眼中的巴尔扎克，肥胖的大肚子向外腆着，两条腿又粗又短，五官长得粗大而难看，看起来臃肿又愚蠢，可是这就是真实的巴尔扎克，平凡到接近丑陋的身躯里，却蕴含了惊人的智慧。

罗丹认为，只有这么平凡，才能显示出巴尔扎克不平凡的伟大。

为了雕塑出自己最满意的作品，罗丹交付塑像作品的日期一再推延，作家协会的人即使威胁要取消他的作品合约，他也不在乎。

据说，在最初创作出来的模型中，罗丹曾帮巴尔扎克塑了一双充满了智慧的手。

做好后，他问自己的学生，对这尊塑像有什么看法？

他的学生想也没想就说："这双手雕得真好。"

罗丹二话不说，拿起锤子就把这双手给砸掉了。

"老师……这……"学生吓得都快结巴了。

"这下观赏的人就会更加注意巴尔扎克了呀！"

罗丹的作品总是前卫的，超前于他生活的时代。

1898 年，一座完工的巴尔扎克石膏像在沙龙展出。

人们看到的巴尔扎克，双手藏在宽大的睡袍里，他的脸部被凸显出来，深刻、有力，仿佛巴尔扎克就在月光下行走、思考。

罗丹期待听到大家对他的恭维，毕竟这是花了八年工夫才完成的作品。

只是，人们对他的评语却是：

那是一头海豹吗？

一袋石膏？

一个穿着浴袍的雪人？

公众的批评不断，连作家协会也否定这尊塑像，他们片面决定废除合同，理由是他们在这尊"粗制滥造的草稿"中，无法辨认出巴尔扎克的形象。

更多的人批评它是怪异的，是病态的，脱离现实的人体塑造形式，更有人把这尊塑像说成是"麻袋里装着的癞蛤蟆"。

面对指责，罗丹却选择相信自己。他认为："《巴尔扎克》是我一生作品的顶峰，是我全部生命奋斗的成果，我的美学理想的集中表现。"

作家协会内部也产生了分歧，左拉支持罗丹，但是投票结果，作协仍然拒绝接受这件作品，左拉愤而辞职以示抗议，罗丹的朋友们也发表宣言支持他，但是民众不喜欢这件作品，这样的局面让罗丹很沮丧，他不愿意重塑巴尔扎克，因为在他心中，巴尔扎克就应该是这样的形象。

最后，罗丹退回作协的经费，把巴尔扎克搬回自己的家。

他的心思继续放在其他的雕塑品上，偶尔，他的眼光才会飘到院子外、巴尔扎克凝神望着远方的立像上。

时间过得很快，1939 年，一个阴雨绵绵的日子，"巴尔扎克"被人们请了出来，立在蒙巴纳斯大街，那时，罗丹已经逝世二十二周年了。这迟来的立像，宣告了罗丹作品的超越时代性。今日，人们在东京、纽约、伦敦甚至是台湾，都可以轻易发现罗丹作品的影子，它那样深入人心，不管是《地狱之门》《沉思者》还是《巴尔扎克》，它们似乎都在印证着巴尔扎克的话：

伟大的人物都是走过了荒沙大漠，才能登上光荣的高峰。

壮哉斯言，巴尔扎克如是，罗丹亦复如此。

◎王文华

成长悟语

世界中从不缺少美，而是缺少发现美的眼睛。

艺术是孤独的产物，因为孤独比快乐更能丰富人的情感。

在现代社会中，艺术家，真正的艺术家，可以说是唯一能够愉快地从事自己职业的人。

要有耐心！不要依靠灵感。艺术家的优良品质，无非是智慧、专心、真挚、意志。像诚实的工人一样完成你们的工作吧。

真正的艺术家总是冒着危险去推倒一切既存的偏见，而表现他自己所想到的东西。因此他教同道们要率直坦白。

甘地：和平抗争，就是不跟你合作

细读过往的伟人传记，几乎都有个不成文的公式：想成为伟人，就得天赋英明，智商超过常人水平，老师出的问题难不倒，从小懂得孝顺父母，知道立志，有齐家治国平天下的抱负；要不然就是有过人的毅力或体力，当危机来临时，能沉着应对，拯救生民于水火之中。

这篇文章的主角不是这样。

他内向腼腆，胆小怕事，虽然是个诚实守规矩的孩子，却不是一个天资聪颖的学生；他努力读书，可惜反应迟钝，记忆力又差。

有一次，驻区督学到校视察，要求学生默写生字，想看看学校的教学成果。老师很紧张，因为这关系到学校的声誉。绝大多数的孩子都写对了，就这个小孩答错了，老师偷偷用脚尖踢他，暗示他抄别人的答案，这孩子也不知道懂了没有，反正最后他的答案仍然是错的，让老师气炸了。

这件事说起来，或许算得上是他少年时代值得一提的"将来会成为伟人的事迹之一"，因为他诚实到不肯抄别人的答案；但是换个角度想想，会不会是他迟钝到不了解老师的提示，或是连作弊也不敢呢？

这个孩子是个印度教徒，印度教徒要吃素，他曾在伙伴的怂恿下，偷尝肉食，可惜他胆子实在小，竟然做噩梦，梦见一头山羊在他肚子里叫了一整夜；他也偷偷抽过烟，没钱买烟就捡地上的烟屁股，如果连烟屁股也找不到，他就向人借钱，借不到钱，连家里用人的钱他也偷。

做坏事，内心又开始谴责他，谴责到他的良心受不了，他只好写信向卧病在床的父亲告解，并在父亲床前发誓，再也不偷别人的东西了。

这样平凡的孩子，几乎让人无从期待，但是，也是这一个孩子，长大后成为印度的国父，被印度人尊称为圣雄。

他，是甘地。

甘地是怎么办到的呢？

印度当年是英国的殖民地，英国人高高在上，把印度人当成二等国民。

1887 年，甘地中学毕业，他的成绩并不好，却远赴英国求学。

在英国，甘地无法用英语与人交谈，不会用刀叉，他想如果他能尽早适应英国社会，也许英国人就会接纳他。于是不惜重金，买了丝帽、礼服和手杖，还请他哥哥寄来一支金链表，每天花好几个钟头练习打领带。他去学跳舞、学法语，只想早日打进英国社会。

这种生活持续了三个月，最后他黯然发现：不管他如何改变外表，他血液里永远是个印度人，英国人只会视他为殖民地的二等国民。

此后，甘地恢复印度教徒省吃俭用的习惯，发愤苦读，希望有知识而受人尊重。甘地的学习非常刻苦，他不是天才，每天要比其他同学花更多时间读书，最后才以优异成绩得到伦敦大学法律系的学位。

1891 年，甘地取得律师资格，回到印度，在孟买开了一间律师事务所。

从此以后，丑小鸭该变成天鹅了吧？

噢，不！甘地第一次在孟买接案子，上了法庭，轮到他向原告证人提问的时候，甘地竟然一站起来就浑身发抖，结结巴巴，该讲的话全都忘得一干二净。

这样的律师，当然无法为案主争取到权利。

老实的甘地，诚实地告诉他的代理人："这案子我接不了，请您另请高明吧！"

这次挫折使他失去再接案子的勇气，也没人敢再请他打官司。

为了维持生计，甘地靠帮别人写状子来支撑事务所，由于收入微薄，不敷使用，最后他远渡重洋，到南非接案子。

我买的是头等车票

南非当时也是英国的殖民地，印度人在那里受到的待遇更不公平。

1893年，甘地为了处理诉讼案件，初次在南非搭乘火车，他买的是头等车票，火车行驶到马里斯堡时，站务员却要求他："出去，你不配坐在这里，印度人只配滚到货车去。"

甘地气得浑身发抖，拿出头等车票向站务员据理力争。

站务员不听他的解释："你买什么车票不重要，印度人就只能坐在货车上。"

“我不下去，这是我的权利。”甘地是律师，他坚持自己应有的权利。

被惹恼的站务员带了警察来，二话不说，强行把甘地拉到月台，还将他的行李丢到月台上。

警察咆哮道："滚到货车上去吧！"

那天，月亮清冷，火车渐去渐远，甘地站在深夜凄冷的月台上，脑中不断地想：

我受了高等教育，买了头等车票，为什么还不能受到一般人的待遇？

南非对印度人这么不友善，我是不是该回印度？

回印度，那这里的印度人怎么办？

这次刺激，让甘地有了重大的决定，他决心留在南非，因为南非的印度人更需要他。

当时管理南非的英国总督，设了许多歧视印度移民的法令。例如：印度人必须随身携带身份证明文件、印度人每年要缴纳人头税、只承认按照基督教仪式举行的婚礼等。和印度来比，在南非的印度人遭受更严重的歧视，目睹同胞所受的欺凌，甘地决心为印度侨民争取应有的权利。

只是，要怎么做呢？

甘地倡导大家以"和平非暴力"的方式来反抗英国政府。既然英国人规定大家要登记身份证，甘地就号召印度移民都不去登记，宁愿被警察逮捕也不去。一批人被捕了，另一批人又起来继续反抗，一时间，南非的监狱就人满为患了，最后英国人也很头痛，只好修改不合理的法令。

不合作运动

甘地在南非一共待了二十二年。其间多次为了印度同胞与英国人交手，虽然受到英国人的毒打与监禁，他始终坚守原则，不卑不亢，从一个上法庭会怕到双脚颤抖的菜鸟律师，最后却跃居为印度反对英国殖民运动的领导者。

甘地返回印度后，他把南非经验用来争取印度独立。

想让印度独立，脱离英国人统治，需要更多人的帮助，甘地依然把"非暴力抗争""不合作运动"作为行动准则。

当年，印度人穿的衣服来自英国，但是价格不合理，因为英国人以低价买进印度生产的棉花，运回英国制成衣服后，再高价卖回印度。

印度没有自己的成衣工厂，不买英国生产的衣服，那大家要穿什么呢？

甘地想起了纺纱车，以前没有工厂，大家都用传统纺纱车呀。

他请几个老妇人当老师，教大家自己 DIY 纺纱，甘地还要求全国的人民，每天拨一点时间自己纺纱，希望从基本生活上脱离英国人的压榨。

甘地自己也以身作则，无论到哪里，小纺车总不离身，即使几次被关在牢里，他也是纺织不辍。许多民众受他感召，在集会中，激动地烧毁身上的英国衣物，投入纺纱工作。

如今我们常看到的甘地像，光着上身，戴个眼镜，身上有条缠腰布，就是他自己用纺纱工具做出来的。

不合作运动，很快就在全印度掀起波澜。印度人不和英国政府合作，不为英国人工作，不参加英国人主持的会议，不上英国人办的学校，不购买英国的债券和商品，不承认英国政府所设立的法庭审判。

甘地也带头退回英国政府颁赠的勋章，在他的呼吁下，在政府任职的印度人纷纷辞职；在英国学校读书的学生转学；英国人开设的商店乏人问津。

一开始，大家怀疑不合作运动的成效，指责他为什么不使用武力对抗英国人？但是甘地总是说："如果我们能展现意志力，我们就会发现我们不再需要武装力量了。"

1930 年，英国人制定了一条新的食盐法，规定印度人只能到食盐专卖店买盐，购买时还要加收一层重税。这种不合理的法律，让甘地发动了著名的"食盐长征"，进行第二次"不合作"运动。

那一年，甘地六十一岁了，瘦小老弱的甘地挂着手杖，徒步出发，每天要走十二英里的路，不坐车，不骑马，连续走了二十四天。一开始只有少数人跟随，但是随着他移动的足迹，感动了沿途村落的人，人们自动加入他的行列，总数达到几千人。

游行最后一天，甘地终于来到海边，他弯腰掬起一把海盐，高高地举起，展示给众人看。群众发出喝彩，大家模仿他，开始自己制盐。

这样的举动，让英国政府开始大肆搜捕支持甘地的民众，前后共计有六至十万人被逮捕入狱，包括甘地。

甘地被捕后，第二次的不合作运动该告一段落了吧？

不不不，甘地的儿子和女诗人奈杜①自动接棒，听到甘地入狱的消息，自发而来的群众排成一条长长的人龙，徒步迈向海滩。

英国警察拿着棍棒，想驱散他们，人们手无寸铁，不是警

①萨罗吉尼·奈杜（Sarojini Naido, 1879-1949），为自由斗士与诗人，印度史上第一位女性国会议长。

方对手，但是他们一个接一个，前仆后继，用血肉之躯，和平抗议这些不合理的规定。

英国警察的残暴形象，透过媒体，最后引来各国的谴责，也让印度独立获得一线曙光。

在争取印度独立的漫长岁月中，甘地几经坐牢、绝食，但每次入狱后，却使反抗的力量更为强大。甘地说："当我绝望时，我会想起：在历史上，只有真理和爱能得胜，历史上有很多暴君和凶手，在短期内或许是所向无敌的，但终究总是会失败。好好想一想，永远都是这样。"

今天，甘地已经成为举世公认的非暴力抗争的象征，他"坚持真理"的信念以及"非暴力""不合作"运动的抗争方式，对后来者——南非的曼德拉和美国的马丁·路德·金领导的人权运动影响极大。

甘地曾充满睿智地说："以眼还眼，只会使整个世界都盲目。""非暴力"绝不是弱者的行为，只有深具正义，视死如归的人，才敢于使用非暴力手段，坚持真理的力量，更是强权政府无法对付的精神力量。

◎王文华

成长悟语

首先他们无视于你，而后是嘲笑你，接着是批斗你，再后来就是你的胜利之日。

不要对人性失去信心。人性像海洋，就算当中有数滴污水，也不会弄脏整个海洋。

弱者永远都不会宽容，宽容是强者的特质。

人是思想的产物。心里想的是什么，就会变成什么样的人。

在这个世界上，你必须成为你希望看到的改变。

伽利略:"佛罗伦萨科学历史博物馆"盗窃案

时间:2010/09/13 凌晨 1:45

地点:比萨帕亚警局讯问室

案由:佛罗伦萨科学历史博物馆盗窃案

书记官:沙维提

嫌疑犯:辛甫利索,男性,意大利籍,二十六岁

萨格警员报告书:

2010 年 9 月 12 日,22 点 42 分,我在外巡逻时接到通报,有人潜入佛罗伦萨科学历史博物馆。我在六分钟内赶到现场,发现博物馆大门洞开,有一人跑出来,手里提了两大包的东西(证物一至七),我将他逮捕。此人即嫌犯辛甫利索,辛甫利索

辩称他手上的东西全是伽利略先生送他的。

博物馆馆长在二十三点零五分来到现场，他指出证物一至七号是馆内收藏品，平时锁在博物馆三层强化玻璃柜内，馆长清点后，无其他物品遗失，嫌犯说伽利略送他东西云云，当然是胡说八道，因为伽利略先生已经死去一千多年了（书记官更正：是公元 1642 年去世），绝对不可能送他望远镜，这一定是嫌犯的狡辩之词。

嫌犯自白书：

我，辛甫利索，家住瓦隆布罗萨街十六号。

平常我爱大自然，不喜欢受拘束，对于工作没兴趣，除非有人找我去当老板，或许我会考虑一下啦。

最近这鬼天气，真是让人热到想要诅咒，白天我尽量留在家里，晚上才出来散散步。

今天晚上，我和平常一样在街上溜达，几个貌美如花的小妞向我招手，我这种帅哥，只好浪费点时间，陪她们说说笑话，逗小妞开心是我的责任，对不对？聊完后，我一个人走开。

那时候几点？嗯，应该是十点多吧，我经过佛罗伦萨科学历史博物馆时，咦，大门竟然没有关。圣母玛丽亚可以为我作证，我平时是个很热心的市民，我立刻想到也许是哪个偷懒的员工忘了关门就走了，所以想主动帮他们把门关好，免得被小偷给偷了，再怎么说，博物馆里头总是有很多古董的嘛，对不对？

当我正要把大门关好时，一阵奇怪的呻吟声从里头传了出来，我这个人最热心助人了，警官你不要笑，我讲的是真的，不信你问我的邻居马里奥兄弟。

那时我想，要是有人受伤怎么办？所以我立刻打开手电筒，跑了进去。

（萨格警员问：你出去散步，为什么还要带手电筒？）

带手电筒是我的习惯，就像萨格警员您出门喜欢带手铐一样嘛！总而言之，我走进去时，在大厅看见一位满脸胡子的老人，身上穿着厚重的袍子，这种见鬼的天气，他竟然一滴汗也没流，就站在展示柜前喃喃自语。

难道是小偷？我接近他，他说了好长的一段话，什么地球在转动呀，什么金星会亏钱啦之类的（书记官注，应该是金星有盈亏现象）。

我想，反正他既没受伤，更没生病，我还是出去找间小酒馆，再去喝上一杯。

我想走时，老人却动手想打开那些橱柜，我急忙拉住他，哎呀，他的手真冰："你疯啦，这是博物馆里的收藏品，是古董呀。"

"什么收藏品，这全是我做的！"

· 57 ·

我看他神智真是有些不清了："好啊，如果是你做的，你告诉我。"我随手指着这个（证物一）东西问他，"这是什么？"

"这是钟摆时钟，我做卖脖机的时候想到的。"

"卖脖机？卖脖子还要机器？"

老人摇摇头："不是卖脖机，是脉搏计，计算脉搏。有一回我在教堂听布道，那个神父口齿不清，乡音又重，我无聊到东张西望，恰好看到教堂的吊灯被风一吹，你猜怎么了？"

"吊灯掉下来？"

老人很生气："不是！我发现，不管那个吊灯摆得快、摆得慢，总而言之，它来回的时间竟然都一样，后来我做了很多实验，如果所用的绳索不变，而只改变摆锤的重量，则钟摆的周期不会变；但是只要用不同长度的绳索，摆动的时间就会跟长度的平方根成正比，你懂了吗？"

我当然听不懂，真是个老疯子。

"我按着脉搏，数时间，世界上第一台脉搏计就这样设计出来了。"

他的脉搏计布满了灰尘。"好吧，那你的卖脖机能干什么？"

老人纠正我："它可以计算时间，有了它，看时间就简单多了。"

哈，一讲到时间，我把手表秀给他看："这是卡西欧的电子表，夜间有冷光，还可以当秒表，比你的卖脖子机好用一百倍。"

我指着另一边像长型万花筒的东西（证物二）问："那这个呢？"

老人抚摸着它，露出得意的笑容："望远镜，你没见过吧？"

"真好笑，谁没见过望远镜？我去赏鸟都带双筒望远镜。"

"双筒的？那你改天要借我看看。"老人说，"望远镜原来是荷兰人先发明，可是根本没办法对焦，是我重新算出凹透镜和凸透镜间的距离，把它改良好，终于发现了一个天大地大的秘密！"

"是什么？"

"月球呀，月球的表面根本不是光滑的，亚里士多德他错了。在月球的表面，有坑坑洞洞、有高山、有裂缝，月球上的山，有的比地球上最高的山都还要高。"

"月球？"这老先生真是昏了头。"我不认识亚里士多德先生，你跟他有误会是你们的事，至于月球，早在几十年前，就有几个吃太多汉堡，闲着没事做的美国人搭火箭上去过了。"

"真的吗？"他激动地扯着我，"我就说，亚里士多德是错的！"

"他错了，你找他理论嘛，别拉着我的衬衫，这是我唯

——一件粉红色的衬衫，意大利手工名牌……"

"他……"老人气急败坏道，"他都死了一千多年了。"

"那你干嘛跟个死了一千多年的人生气呢？"

"不是我爱计较，是教会，罗马天主教会那群人，他们只相信亚里士多德说的话。亚里士多德说，地球是世界的中心，所有的星球都绕着地球转，他们就深信不疑，可是我自己用望远镜发现金星的盈亏，木星的卫星绕着木星打转，一切的一切都证明，哥白尼说的才是对的——太阳才是中心，大家都绕着太阳转呀。"

"那你跟他们解释清楚不就得了。"

他气得把脸拉成两倍长。"宗教法庭的人不听我解释！亚里士多德说，重的东西掉落的速度要比轻的东西快，东西越重，掉得越快。"

"不是吗？"

"当然不是，亚里士多德只用冥想去推理，那不叫科学，科学要验证，我还爬到比萨斜塔上，同时把一样大的铁球和木球丢下来。"

"铁球先掉下来。"我猜。

他的眼睛变成鲸鱼眼了。"不是，是同时抵达，现场几百个人都看到了，却没人敢说真话，他们都说我在实验里动了手脚，亚里士多德才是对的。"

这老头实在不可思议，既然大家都不信，他又何必坚持。"那你就别管了嘛！"

"我不服气，宗教是宗教，科学是科学，我相信上帝，可是我也相信我的眼睛。亚里士多德说，宇宙是静止的，星星的数目是 1027 颗，绝不会有增减。可是，我在 1604 年发现一颗新星，亚里士多德再伟大，也会有错的时候。宗教法庭竟然说这是异端邪说，判我有罪，把我关在这里。"

"关在博物馆？你关在这里多久了？"

老人摇着头，"不知道，反正这里的时间有时快，有时慢，这世界怎么这么怪，就没人去查一查，去实验一下。我真恨，如果亚里士多德能重返这个世界，我相信他会接受我的反驳，会在他的信奉者中选择并接纳我，而不是那群盲目崇信并将他奉为真理的人；那些人只知道剽窃他著作中表面的意念，根本不曾进入他的思想核心。铁证如山，就像我曾在比萨斜塔上做的实验！"

比萨斜塔，铁球实验，我突然想起来他是谁了。"你是伽利略对不对？可是，你都死了四百年！"

"我死了？四百年？"

"没错没错，"我打开手机，连上网，找到他的生平，"1992

年，天主教会正式修正地球不动的观点，并且承认当年对你的审判是个错误。"

"教会承认错误？"

"对呀，你早就获得平反了，虽然，你已经变成鬼了！"天哪，我竟然在对着一个鬼说话。

"我是鬼，我是鬼！"这个古老的鬼魂竟然好高兴，"太好了，我可以去找亚里士多德，好好跟他辩一辩，到底是地球绕太阳转呢，还是太阳绕着地球转。"

警官，老先生太高兴了，喔，不对，是这个古老的鬼魂太高兴了，就把他那些望远镜啦，卖脖机啦，全都堆到我手上，说是要留给我做纪念品。我还能怎么办？我是个有礼貌又诚实的好人，虽然他一直想送给我，可是我怎么能拿呢？

萨格警员进来时，我正想把东西放回原位，真的！不信，你们可以问问伽利略古老的鬼魂，什么？你们没看见吗？他不正站在书记官您的背后，还在朝您眨眼睛呢！

◎王文华

成长悟语

生命如铁砧，愈被敲打，愈能发出火花。

科学的唯一目的是减轻人类生存的苦难，科学家应为大多数人着想。

你不能教给一个人什么东西，你仅能帮助他发现自己。

给我空间、时间以及对数，我就可以创造一个宇宙。

追求科学，需要有特殊的勇敢，思考是人类最大的快乐。

吴宝春：准备到两百分

一个穷乡僻壤来的孩子，只有初中学历，认识的汉字不超过五百个，一斤等于十六两[1]都搞不清楚！为了让母亲过好日子，他立志成功，借由跨领域、持续地学习，如今他在法国扬眉吐气，赢得世界面包冠军！

2010年3月，来自台湾的吴宝春[2]打败欧、美、日顶尖的面包师傅，拿下世界杯面包大赛[3]个人冠军。只有初中学历、没吃过法国面包的吴宝春，却连续两次在法国比赛夺冠，创下了烘焙业的传奇。

---

[1] 台湾一斤等于十六两。
[2] 吴宝春，1969年生于台湾屏东县，知名面包师。2008年在巴黎夺得乐斯福杯世界面包大赛银牌和个人优胜奖，2010年参加在巴黎举行的首届世界杯面包大赛，并获得冠军。
[3] 即Bakery World Cup。

吴宝春出生在屏东乡下，是家中八个小孩的老幺。十二岁时，父亲过世，家中生计全靠母亲一人。初中以前的吴宝春不喜欢读书、讨厌上学，总是放牛班里的最后一名，初中毕业时还认不到五百个汉字。

因为不知求学的意义何在，初中毕业后就北上当面包学徒，才发现不读书让他吃足苦头。

在他的自传《柔软成就不凡》中有则小故事：初到台北的吴宝春是138厘米高的乡下"细汉仔"。刚当小学徒时，师父要他秤一百两的糖，他拿着吊秤，专心看着细细的格子，一格一格从一数起。

师父破口大骂："你白痴喔！不知道一百两是六斤四两？"

"细汉仔"愣住了，因为没有把书读好，他真的不知道一斤就是十六两。

一直以来，吴宝春内心有着强烈的趋力希望可以成功、出人头地，让母亲不必再过苦日子。他以为不升学、当学徒就可以不必学习；因为自己不怕苦，但怕读书。没想到，当学徒还是得学习，而且，这种学习一点也不比读书轻松。

当兵时，为了突破瓶颈，吴宝春才开始认真"读书识字"。服役期间，他一边看电视一边看字幕认字。读不懂的地方，就去问大专兵。他最喜欢读商业、励志的书。读大专兵案头上陀思妥耶夫斯基的《罪与罚》，让他首次感受到心灵的战栗。阅读让他仿佛长出一对得以高飞的双翼。

带领他进入更高境界的贵人陈抚光，教吴宝春"品味"。陈抚光热爱美食和美好事物，他给从来不知何谓精致生活，下班后只想去海产摊、土鸡城的吴宝春当头棒喝："面包不好吃。"

陈抚光带着吴宝春尝美食、品酒，更建议他到台北亚都饭店住三天，把饭店里的餐厅都吃遍。让他知道什么叫做"好吃"。

学习欲望强烈的吴宝春为了看懂日文烘焙书去学日文，又帮进口食材的厂商研发产品，换得厂商免费让他到日本进修。日本进修解开他学习烘焙的困惑，靠"感觉"传承的台湾烘焙技术，有太多的失真："原来十几年来，我都在用错的方法做面包！"吴宝春真正体会到了烘焙技术的深奥。

靠着自学，吴宝春从初中毕业的半文盲，到众人瞩目的世界冠军。深深体会学习的挫折与乐趣，吴宝春希望自己未来无私地传承，投入台湾烘焙的教育与创新，提升台湾烘焙业的国际竞争力。

请听热情的宝春师父，娓娓道来他的学习和成长之路：

得奖第一个想到母亲。母亲对我影响非常深，在贫困家庭长大，母亲一个人养八个小孩，这么苦，她都不放弃。她知道自己不能不工作，小时候常听到邻居的阿姨叔叔说："你妈今天身体不舒服，去杂货店买了康贝特，又去工作了。"

还有一个画面让我记忆深刻，当兵时有次抽空回家看妈妈，母亲出去工作回来洗完澡，正准备吃饭。我看到桌上只剩下鱼头，只有鱼头和饭，那鱼头大概不止吃一天了。我霎时泪流满面，转身快速地说："我回去了！"那时我身上只有回营区的钱。我对自己说，当兵回来后，不要再让母亲辛苦地去工作。

预演世界冠军的工作态度

我因为学做面包才知道学习的重要。因为做面包必须会数学，也因为做面包，我才去学日文……更重要的是，跨领域的学习。

其实小时候，我很会逃避，但长大后发现逃避反而更痛苦。比方说我发现自己因为没读书，既没知识也没常识，才开始学认字和阅读。

我心里一直想要成功，所以想知道成功的人是怎么做到的。于是我开始读传记，从中去观察、去学。

传统的面包师父都是技术导向。但是面包师父要提升能力，不只要学专业技术，还要学美学，比方说蔬菜怎么搭配才能好看又好吃，食材间味道的和谐等，都和美学及想象力有关。若无法想象，就无法形成画面，但要有想象的能量，必须靠学习来补充。

面包是我的专业，但如何让我的专业更丰富、更精彩，就必须学习厨艺、美术、音乐、品尝美食、品酒等。我也曾经为了学习如何发酵老面，而去研究微生物。在台湾结合微生物和烘焙的书很少，所以我就去看日文的书。

当我学习越多，瓶颈就越少；学习越多，我的失败也越少。我把失败当作智慧的累积、当作考验。和妈妈一样，我从来不怨天尤人。我会自我反省，就算学习过程遍体鳞伤，我也会站起来继续努力。

准备到两百分

这次参加比赛前，我就已经宣告要把冠军拿回来。我以世界冠军为目标，所以我做的事情就以世界冠军为标准：冠军现在应该是在看书，不是看电视；冠军现在应该在练习，不是在睡觉……我准备好了，准备到两百分，已经熟能生巧。就算最后我失败，过程中也学到很多，技术也在成长。

准备到两百分的意思是，比赛项目都准备好了，并且都会做，且能准时完成。然后，我会给自己出状况题。比方说，万一我手受伤怎么办？万一机器出问题怎么办？若蒸汽烤箱坏了怎么办？没有我熟悉的材料怎么办？等等。考试不管人为或机器出状况，参赛者必须在八小时内做出来。

2008 年第一次去法国比赛前，我没去过法国，也没有吃过法国人做的法国面包。赛前，有点怀疑自己做的面包是不是对的，比赛当场，我觉得自己做的法国面包和地道的法国面包味道差不多，但我的外形更漂亮。

我到日本学习，怀着朝圣和海绵的心态，学的时候把自己归零；回来后，把师父的技术彻底练习，然后烙印在脑海里，变成自己的东西。再去挑战这个师父的技术，不是背弃，而是要做得更好。

冠军只是当下，学习才是永远，不断学习才会不断成长。我不希望台湾烘焙业只是昙花一现，未来要着重烘焙的教育。现在我在高雄餐饮学校教课，希望培育和引发烘焙业的创新，提升烘焙业在台湾的地位。我想要做的是面包艺术家。

未来我想着重培育人才，我教一个老师，老师可以教一两百个学生，这样才会更快。我不希望徒弟和台湾的烘焙业，和我以前一样，那么辛苦。我们要走入国际，就要跳脱以前。要让台湾的烘焙具有国际竞争能力，我们应该往前看。

有时候，想到自己经历过的苦日子，便当里没有菜，只有白饭；衣服都只能捡别人剩下的穿，不是太长就是太短。现在成为世界冠军，扬眉吐气，我自己其实都觉得挺感动的。

拿下世界杯面包大赛冠军后，这位"世界第一"的面包大师表示，他的下一步，是在台湾四处教学，培养出更多的吴宝春，并挑战台湾面包的技术源头——日本。

——◎陈雅慧 原载《亲子天下》第十一期，

2010 年 4 月 5 日出刊

成长悟语

　　冠军只是当下，学习才是永远。

　　我从不怨天尤人，我会自我反省，就算学习过程遍体鳞伤，我也会站起来继续努力。

　　时常将自己归零，保持一颗朝圣的心态。

　　态度决定一切，差一分就是天壤之别。

　　想要赢过别人，你要准备到两百分。

第三章

永远只做"第一名"

一个人想要成功，就要学会在机遇从头顶上飞过时跳起来抓住它，这样逮到机遇的机会就会增大。只要有坚强的持久心，一个庸俗平凡的人也会有成功的一天，否则即使是一个才识卓越的人，也只能遭遇失败的命运。

——比尔·盖茨

周杰伦：东风不破，震动所有为音乐而热切的心

台北，幼儿园，三十个小朋友一个挨着一个，手舞足蹈地练习着母亲节送给妈妈的礼物——唱《听妈妈的话》："听妈妈的话　别让她受伤　想快快长大　才能保护她。"

北京，工人体育馆，六万人，许多人站上座椅，跟着演唱会上刻意咬字清楚的主角摇晃："菊花残　满地伤　你的笑容已泛黄　花落人断肠　我心事静静淌。"

济南，实验中学，四五个学生边讨论边庆幸，山东省全省高考语文考题中出现："素胚勾勒出青花笔锋浓转淡""色白花青的锦鲤跃然于碗底"，还好那首《青花瓷》的歌早研究得滚瓜烂熟，否则可真要"试纸上走笔至此搁一半"了。

首尔，中央戏院，《不能说的秘密》电影首映会，韩国媒体窃窃私语："为什么我们没有像这样又导、又演、又谱曲、又演唱的全方位创作型艺人？"

东京，日本流行乐坛指标武道馆，近万名歌迷挥舞着双手，跟着他"快使用双截棍 哼哼哈兮 是谁在练太极 风生水起"；还来不及庆祝成功进军这亚洲属一属二高难度的日本音乐市场，他主演的《功夫灌篮》已在上映短短八天后，全亚洲票房就破了五亿。

往南，新加坡、吉隆坡、曼谷，年轻人为了理解"你发如雪 凄美了离别 我焚香感动了谁 邀明月回忆皎洁 爱在月光下完美"，在网络上疯狂搜寻学中文的软件，最后干脆架起网站，和同好一起练歌学中文。

让"满城尽吹中国风"

这些年来，华语流行音乐的主旋律是周杰伦。而"亚洲小天王"的封号，只能代表他的年纪，却已不足以象征他在娱乐界的全面影响力。

周杰伦的专辑在全亚洲销量动辄二三百万，得过亚洲各地各式各样、不计其数的金曲奖；拍了多部电影，其中自导自演的《不能说的秘密》，让他和李安一起入围金马奖年度台湾杰出电影工作者，最后还抱回了年度台湾杰出电影奖项。

在光盘刻录、MP3 下载疯狂的年代，高中生会坚持买他的原版 CD，只因为"要支持他继续做音乐"；在西方音乐强势、日韩音乐充斥的时刻，他和作词搭档方文山却有本事变化曲风、精炼词藻，让"满城尽吹中国风"。

在他快节奏的 RAP 曲风下，所有人甘于眯起眼细读共有 444 个字的《无双》："听我说武功　无法高过寺院的钟　禅定的风　静如水的松"；在他抒情慢板的二胡小调中，人们竖起耳倾听"谁在用琵琶弹奏　一曲东风破"，仿佛自己人生中那个荒烟蔓草的年头，都得到了些许安慰。

要细数周杰伦在当今乐坛上的强烈个人风格，已经有研究生以他为题写了一篇论文叫《周杰伦现象》；他的一举一动总是登上媒体娱乐新闻头条，给人的印象不外乎音乐很牛、个性很酷、十分孝顺、绯闻无边。

但实际上的周杰伦呢？他的本事何来，他的本心何在？

在杰威尔崭新的办公室里，周杰伦刚从代言的手机品牌新机发表会上"晃"进来，他走到同事们的桌边东看看西问问，难怪"周董"的绰号一直没变。

好胜的心苛求完美

他的皮肤很好，额前的刘海变得比从前短，让人可以清楚地看到他的眼睛，当他手上拿起篮球把玩，整个人的线条也轻松起来。他说他喜欢人家称呼他"导演"，觉得自己最大的优点是"创造力"、缺点是"没耐性"，要他用一句话形容自己，他想了好一会儿，吐出"好胜"两个字。

关于他的好胜心，身边的人都有深刻体会。半夜两点上完通告，他收工后不是回家休息，而是继续回到剪辑室剪带子；深夜从海外飞回台湾，仍然跑到编曲老师家楼下，买了饮料上楼继续讨论编曲，第二天早上依旧进录音室录音。

他对工作的激情能够掩盖他的疲惫，"你甚至会被感染，愿意跟他去辛苦，因为你感受到他在与你分享他的梦！"与他长期合作的化妆师杜国彰说，那股对作品完美的执着，让人不得不佩服他的成功源自于此。

周杰伦对自己的音乐苛求完美，拍戏时则是担心别人不好意思苛求自己。第一次拍《满城尽带黄金甲》，第一场戏对上的就是巩俐，他怕导演张艺谋对他客气，特意把在旁盯场、一样紧张的经纪人杨峻荣叫到一旁说："荣哥，你跟张导说一下，一定要要求我，真的可以要求我，我可以再来一次的。"

"他很拼命，每一分每一厘都很介意。"杨峻荣指出，从来没见过那么爱面子的人，不够好的东西绝对不肯拿出来。从前在阿尔发、现在在杰威尔的同事们都知道，帅是周杰伦的最高指导原则，永远只愿意呈现完美的成品给别人看，无论是音乐、舞步还是小魔术。"他绝对不会让你知道他到底在家苦练了多久！"担任宣传经理的张蓝云说。

好胜所以成功，周杰伦除了天赋还有拼劲。他对现在的自己很有自信，可以毫不犹豫地说："我的风格就是没有风格，因为很多元，什么歌都能写。可以写和费玉清合唱的《千里之外》，也可以写给江蕙唱的《落雨声》，摇滚的、抒情的、讲孝顺的、讽刺狗仔的，菜色多到讲不完，"我是一个贪心的艺术家，一切，全部都给你们了，不要说我没有改变。"

要求越高，越要证明自己

谈起自己的音乐，周杰伦的语调里有一种不张扬的霸气。人们对他的要求越高，他越要证明自己。"说我没改变？是你们听不出来吗？好，来一个《牛仔很忙》，没话说了吧？开始说别的，反正要说话的人总是说不完，我可以选择听或不听。"

周杰伦曾经很在意自己的作品能不能得奖、有没有好评，但销售量让他体悟到自己的实力和幸运，"我觉得自己真的很幸运，我认为好听的，你们也觉得好听；我喜欢的，你们也喜欢，我不是在迎合别人，而是照自己喜欢的去做，对一个创作的人来说，这真是很难得。"

再怎么天纵英才，每一次的创作，都还是一项全新的挑战。周杰伦乐感绝佳，在钢琴和大提琴的底子上，其他乐器学得飞快；他对生活周遭的各种声音皆敏感，什么元素都可以放到歌曲里而不显突兀，乒乓球声、订便当声全都成了周式幽默。"我看不出他有压力，因为全都是他擅长的东西。"纯粹喜欢，不用刻意，方文山解读周杰伦在音乐上的游刃有余。

分析自己的音乐为什么能引起那么多的共鸣，周杰伦从来不会忘记他的最佳拍档方文山："文山的歌词真是开创了一个新的潮流，写的内容不是很严肃，却又总意味着什么。像他写《发如雪》，什么纷飞了离别、什么我焚香的，刚开始我还看不太懂，但他解释一遍，你就觉得哇他真是太厉害了。"周杰伦忍不住笑说，方文山才是一路走来转变最大的人，"他原本整个是内向到不行，但现在真正的职业是演讲，大学邀他、大陆也邀他，还去了北大，真是酷！"

周杰伦是个很念旧的人，不仅是方文山，身边的录音师、化妆师、编曲师，都是从第一张专辑起就开始合作的朋友，他相信这些人会跟着他一起成长，"所以我们这些跟他一起工作的人都战战兢兢，他如此挺你挺到底，我们就更要回报他。"杜国彰和周杰伦合唱了一曲《周大侠》，哥们儿间培养的信任，让彼此在工作上都有了新的尝试。

怀念单纯的岁月

或许是时间美化了记忆,也或许他真的就是那么乐观知足,当年蜷窝在阿尔发唱片公司的小办公室里,不停写歌、经常被退稿的日子,如今回想起来似乎也没那么艰苦。"以前最早的大楼是在通化街那边,常去逛夜市啊,跟方文山穿着短裤拖鞋去吃铁板烧、捞金鱼,现在经过通化街都会很想下去再看一下,但已经不知道该怎么下去了。"周杰伦很怀念那段单纯的岁月,还没有成名,但心里隐隐有一种踏实感,觉得自己选择的会是一条正确的路。

"那时候的压力只有一件,就是我的歌会不会被用。方文山自己骑摩托车去送我们录的 demo 带（试听带）,然后我们就在公司等,等到对方打电话来,多开心呀,然后就去通化街好好大吃一顿。"提到过去，周杰伦说了很多次"幸运"两个字，外界觉得他那时很困顿很可怜，但他心里想的不是自己有多苦，反而是充满了希望，"我没有考上大学，但我还是有工作啊，这是一个动力，我一定要把歌写好，不要辜负我妈，证明我可以靠音乐吃饭！"想考音乐系，但连续两届都只通过了术科败在学科，讲到这一段，周杰伦又把方文山拿出来讲一遍。

"你知道方文山以前做什么的吗？他帮人家装监视器，但他会写歌词，也是怪咖一个，可见每个人都有隐藏的天赋。"周杰伦讲起方文山当年五次投稿给阿尔发，每次都是厚厚一本上百首歌词的行径，特别有一种革命情感的惺惺相惜。两人差不多同时期进阿尔发，那时谱曲写词的有八位新人，至今只有他俩还留在歌坛。

周杰伦曾写过一首《红模仿》："就算我站在山顶也只不过是个平民老百姓 但我的肩膀 会有两块空地 那就是勇气与毅力 我要做音乐上的皇帝。"

这个音乐上的皇帝，靠的还真是勇气与毅力。

当年身为阿尔发总经理的杨峻荣，在听了周杰伦唱《可爱女人》后惊为天人："和声很美，而且我听到一种音乐的生命力，打破我对华语歌曲既有的框框。"杨峻荣欣赏这小伙子的气质和才华，说服阿尔发的老板吴宗宪，决定赌它一把。

出第一张专辑时，除了音乐的特异，杨峻荣对周杰伦的形容是："平凡到不行，而且还有些破碎。"平凡，是指他大学考不上，父母又离异，"他真实的背景，看起来好像有那么多负分，但他却能把音乐做得那么好！"

歌坛前辈高凌风曾对杨峻荣形容，周杰伦的出现，就像从此把华语流行乐坛一分为二，过去的都叫古典，自他之后，华语歌曲来到了新的境界，那是一个没有框架，什么主题、声音、旋律都可以入乐的时代。

在杨峻荣看来，周杰伦的声音接近于乐器，他也会刻意把声音当乐器用，唱腔或许含糊不清，但相对的优点是不容易听腻。"他很有勇气去尝试，唱着唱着就去导自己的MV，导完了MV又跑去导电影，这里面要'很敢'才行啊。"杨峻荣认为，周杰伦从小有很多梦想，所以他写的歌充满画面感，他谱完《双截棍》的曲，可是直接跟准备填词的方文山说："文山，我这歌写的是双截棍喔！"

不必衣锦，还是可以还乡

这样画面型的创作者，写歌不能满足他的梦想，就开始拍电影。"我想带给大家欢乐，这是现在我做任何事的一个重心。拍电影，结局是好的，带给大家希望；以前做音乐，会觉得要做很酷的，不管歌词是什么，只要酷就好了，但现在会多了一份以爱为出发点的心思。"某个部分的周杰伦孩子气的不肯长大，但另一个部分的周杰伦，却也随着年纪开始不一样。

"我有一种使命感，想以爱为出发点。最近刚好在写一首歌，跟家有关，家是每个男人应该要保护的地方，它是你最安全的城堡，就算在外面没有衣锦，但还是可以还乡，家人永远都会支持你、陪着你。"听周杰伦这么说，突然有一种莫名的感动，他说自己没有兄弟姐妹，所以爸爸妈妈就是家，"在外面不管受到什么委屈，回家就好了。"

果然如杨峻荣所观察，周杰伦对父母离异这件事承担得挺好，没有让它成为自己的困难。"妈妈用了更大的爱去关怀他，他也很感恩妈妈并没有因为单亲家庭的缘故而疏忽掉他。"杜国彰认为，周杰伦很早熟，能正视父母理念不合而分开，至今和爸爸的互动也很良好。

妈妈的一路相随、全心支持，还有外婆的关爱，是周杰伦很大的成功动力，他总想让妈妈、外婆以他为傲，所以他会以妈妈的名字"叶惠美"作为第四张专辑的名字，把对没有入围金曲奖的在意，写进《外婆》一曲的歌词里。

可以说没有叶惠美的殷殷栽培，今日华语歌坛将会清冷不少。

四岁半的那一年，叶惠美决定让周杰伦开始在钢琴老师甘博文的指导下一对一学琴。甘博文要求严格，只要音高、节奏、指法、乐句其中任一项弹错，就会用尺板轻敲手指，那滋味可不好受。

为了怕被敲手指，小杰伦每回和妈妈提早到老师家楼下等上课时，都会在公园里的座椅上隔空练习指法。"那时老师还在教别人，我其实很怕被他打，但严师出高徒嘛，否则我可能会很懒散；另外是怕被妈妈骂，因为如果临时退缩说不学，我妈肯定会把我打死！"周杰伦边说边甩了一下右手，当年那个还不懂什么叫做"毅力"的小男孩，在怕挨打、又怕辜负妈妈期望的心情下，曾经一次又一次地对着黑白琴键反复练习。

妈妈给的天分还有爱

"他在我这儿学了快十年，一直到初中二年级，是学得最久的学生。"甘博文认为，周杰伦在学钢琴上的恒心与成就，妈妈居功最多。周杰伦总是说，妈妈是艺术家，他的天赋都是遗传自母亲。但其实妈妈给他的不仅仅是天分，还有让他在青少年时期安然度过父母离婚风暴的爱。

后来周杰伦出第一张专辑，周爸爸特别打电话给甘博文，说儿子出了一张 CD，"我以为他是出钢琴演奏专辑，结果周爸爸说是唱歌的，我心想，怎么杰伦改学声乐了？搞半天竟然是一张流行音乐！"

听到爸爸还特别打电话给小时候的钢琴老师讲自己出第一张专辑的事，周杰伦又变回了原本那个爱面子又孩子气的儿子，"我爸很无聊喔，他那时还去告诉所有人，我出唱片了，还叫他的学生去买，让我觉得很糗，好像没人买似的！"

周爸爸其实不用担心，你的儿子挺有本事。

周杰伦，东风不破，震动所有为音乐而热切的心。

——◎马岳琳 原载《天下杂志》第 400 期，

2008 年 7 月 2 日出刊

❦ 成长悟语 ❧

多对自己苛求几次，你离完美就更近一步。

一个男生，可以不帅，可以没钱，可以不善言谈，但是一定要对自己所钟爱的事业认真！否则，你的一生也就这样了。

不要迎合别人，照自己喜欢的去做。

勇气与毅力，是你成功路上不可或缺的东西。

有人说你原地踏步，也有人说你江郎才尽，你不如写一首歌来反击。

萧青阳：生命，原来会自寻出路

格莱美奖，是美国唱片界最重要的奖项之一。

每年，由美国的"录音学院"学员，针对三十种音乐类型（包括了流行乐、爵士乐），投票决定 105 个奖项，对于音乐工作者来说，得奖当然是很大的荣耀，不过，即使没得奖，入围格莱美奖，也代表获得了高度的肯定。

台湾的唱片设计人萧青阳[①]，在唱片业工作了二十三年，做了上千张唱片，才华和努力总算被看见，从 2005 年起，创下了华人三度入围格莱美唱片设计类的纪录。

这是好长、好长的一条路，萧青阳曾经数次想要放弃，不

---

①萧青阳，1966 年生于台湾，著名设计师。曾三次入围美国格莱美封面设计，设计过八百多张唱片封面。

过，最后还是选择坚持下去，终于为自己赢得了众人的掌声。

唱片设计师这一行，就是为唱片披上彩衣，把音乐变"好看"的工作。

当你去逛唱片行时，迅速抓住你的目光，让你想要掏钱买下 CD 的包装设计，就是唱片设计师最重要的任务。

不过，流行音乐界强调明星和偶像，在唱片的包装上，总是以艺人为视觉的焦点，对于设计师来说，能够发挥的空间就相当有限。但是，对于萧青阳来说，做唱片包装，最终还是得回归唱片的本质，遇到坚持强调明星光环的唱片公司，难免会让他觉得很受挫折。

不过，萧青阳始终相信，只要坚定理想，用心做好每一张唱片，好作品绝对不会太孤单。事实证明，凭着这份执着，他走出了一条属于自己的路。

萧青阳认为，自己天生就是要做唱片设计师的工作。

很多人做同一份工作，时间久了，难免会觉得疲倦，甚至会丧失热情，以"做一天和尚，敲一天钟"的心态来面对工作。

但是萧青阳不是这样。

即使工作多年，他仍保持着刚入行的心情，只要遇到自己特别喜欢的项目，就会一股脑儿投入所有的热情，不眠不休地工作到三更半夜，甚至会做到一半，因为自己不满意，重新再来过。

每当有人问萧青阳，为什么会这么热爱唱片设计的工作？他想了想，给了一个有趣的答案。

"因为我小时候会梦游。"

萧青阳小时候，家里开了一家西点面包店，里头设了面包工厂，还请了一位南部来的面包师傅。

每次，面包师傅看到他，就会大声对他说："阿阳阿阳，你昨暝又勾出来赖赖巡喽（你昨晚又出来到处乱跑了）！"

按照面包师傅的形容，他经常是眯着眼睛，恍神一般晃来晃去，遇到店中的一口水井，还会闪过，不会摔进去，经过烘面包的铁板，也会跨过，没有烫伤，一路晃到大门，口中会喃喃念着："放我出去，放我出去！"然后才会乖乖回去睡觉。

这样的梦游习惯，一直持续到萧青阳上高中。

事实上，他不但会梦游，平日的精神，也会进入一种神游无尽的黑洞，苦思"宇宙是否有尽头"这类的问题。

当同龄的孩子想的是跟爸妈要零用钱去买糖果，或是何时才能打开电视看动画片，萧青阳脑袋里想的却是一些非常稀奇古怪的问题。

比方说，"那消失的一粒沙，到底跑到哪里去了？"

那粒沙，是萧青阳童年记忆的一个难忘的画面。

小学，他念的是新店安坑国小，二年级时就开始自己搭公交车上下学。

有一天，在放学回家途中，午后的阳光照进了车窗。萧青阳打开车窗，感觉南风徐徐吹来，于是，他将之前在地上玩耍时，手上沾留的一粒沙，调皮地往外一弹，那粒沙立刻消失在窗外的风景中。

萧青阳坐在公交车上，几乎就要哭出来，他心里后悔地想着："该怎么办呢？我再也找不到那粒沙了！"

关于这粒沙最后消失在何方的问题，居然成为萧青阳成长过程中，一个挥之不去的困惑。

事实上，萧青阳的童年时代，脑袋里便充满了这种无解的问题，让他不自主地陷入失神状态。他觉得，自己的脑袋像是要爆炸了。

直到他从事唱片设计工作时，因为要思考如何呈现唱片的画面，反而让他没有力气去烦恼那些找不到答案的问题，原本的梦游毛病也不药而愈。

"我觉得，一定是因为走上唱片设计这条路，才救了我自己。"萧青阳说，他的作品并没有什么特别值得炫耀的技巧，只不过将那些生命中曾经面对过、苦思过的问题，转换成创作的创意来源。

做唱片设计，除了要懂视觉，当然也要对音乐有感觉。

从小，音乐就走进萧青阳的世界，小学五年级时买了生平第一卷音乐磁带《北海小英雄》。经常逛唱片行的他，非常喜欢被声音围绕的感觉。只要买了唱片、卡带，就会当成宝贝珍藏，至今仍有好多专辑，连外面包装的胶膜都舍不得拆下来。

唱片设计，正好结合了萧青阳最爱的美术和音乐。

萧青阳从报纸的招聘广告发现有唱片公司征求美术设计人员，从此正式踏上唱片设计这一行，他交出的第一张作品，则是女歌手高胜美的《声声慢》。

退伍后，萧青阳便和朋友共组工作室，设计过王菲、巫启贤、张清芳、邰正宵等知名歌手唱片。不过，大多数的时候，他的任务，就是去修整偶像歌手的大头照，让每张脸呈现近乎不真实的完美，无法让他充分发挥创意。

——这是我要的人生吗？萧青阳感到很迷惘。

于是，他决定当唱片界的"逃兵"，跟一起当兵的同袍王凯立，以及他姐姐王舒华，在华夏工专开了一家"三姐的店"，卖起自助餐和肉羹面。

在店里，萧青阳的工作是负责煮肉羹面和米粉。因为早上五点多就开始做早餐的生意，因此他必须在凌晨三点就起床，以不甚熟练的厨艺，做好肉羹面和米粉，然后一直忙到晚上，清洗完煮面的锅子，已经是凌晨一点了。

算起来，卖面的这段日子，萧青阳每天只能睡三个小时，而他居然也熬了一年多。

当时，他并没有完全放掉唱片设计的工作，偶尔还是会接到唱片公司发来的设计案，店里没工作时，就忙着做设计。面店的生意虽然不错，但是做的是学生生意，价格低而成本高，一直都是赔钱的状态，后来，店面也收了起来。

那段日子，萧青阳做了几张唱片设计、到过几家媒体当美工，也开了面店，却始终找不到人生的方向。

他很迷惘。

不过，生命自己会寻找出路。

随着独立品牌唱片公司一一成立，这些新兴公司比较能接受萧青阳不追逐市场流行的想法，因此，萧青阳为女歌手陈绮贞的专辑《让我想一想》设计封面时，便以黑暗的色调营造陈绮贞不一样的偶像质感，这是萧青阳重新出发后第一个转折点。

另外，他的设计格局也因为原住民老歌手郭英男，开始变得很不一样。

过去的萧青阳，执着于让唱片设计跳脱"明星写真集"，让音乐被看见，但从未想到要跳脱台湾格局，被世界看见。

直到发生了郭英男的"《饮酒歌》侵权事件"。

1994 年，德国摇滚乐团"谜"在《返璞归真》（*Return to Innocence*）这首歌里，在没有告知郭英男的状况下，使用了他的歌声。由于这首作品后来成为 1996 年奥运宣传短片中的主题音乐，郭英男才知道自己的歌声遭到侵权，因而引发国际诉讼。

事件发生后，萧青阳为郭英男出版的专辑《生命之环》设计封面，他开始思考："如郭英男这样好的声音，一定会被世界听见，好的唱片设计也可以有世界的格局。"

在这张专辑里，萧青阳让穿着民族服饰的郭英男站在绿油油的大草原间，闭眼倾听大地的声音，也仿佛是向世界发声。当时，萧青阳心中还有另一个声音："我也要向世界出发。"

好作品终究不会被埋没，因为是第一位入围格莱美奖唱片设计元素的华人，萧青阳的知名度迅速打开，用"爆红"来形容他，似乎也不是太夸张。

他如愿站上了世界的舞台。

萧青阳为《飘浮手风琴》《我身骑白马》《甜蜜的负荷：吴晟诗诵与吴晟诗歌》三张专辑所设计的封面，先后三次入围了格莱美奖。

在设计《飘浮手风琴》时，萧青阳为了呈现音乐的特色，特地跑到台东船屋取景，等上二三个小时，只为了取一个景。拍摄好专辑封面的照片后，因为画面出现许多电线杆的电线，那也花了他许多时间修图，尽力将画面呈现到最完美。

而《我身骑白马》，萧青阳采用王宝钏骑白马的版画图像。为了做好这个封面，萧青阳与助理在图书馆中找了历代不同画风的"白马"造型，再辅以"黑白、太极、中西、正反"概念，用电脑设计出结合东方文化及科技、混搭风的唱片封面。

至于《甜蜜的负荷：吴晟诗诵与吴晟诗歌》，萧青阳在多次探访在彰化的吴晟老师后，最后决定以树皮和木雕进行作品包装设计，表达了吴晟的"历经风霜、热爱乡土"的特质，再度获得格莱美评审青睐。

从童年时期会梦游、脑袋装满各种古怪问题，到踏入唱片设计、经历漫长迷惘期，终于成为"台湾之光"，如今的萧青阳可以很潇洒地说："原来，我的时代现在才开始。"

◎谢其浚

成长悟语

多问问自己这是你想要的人生吗？

有梦想，并去实现它，有一天，你也能站上世界的舞台。

每个人的脑袋里都装着些稀奇古怪的东西，而你要做的就是把这些变成可能。

每个人都可能成为生活的"逃兵"，这并不可耻，关键取决于你后来所做的决定。

比尔·盖茨：永远只做"第一名"

在美国西岸的西雅图，据说有一座六百英尺高的太空塔豪华旋转餐厅。

如果有机会到这里用餐，就会感觉自己像是踩在云端上，居高临下，俯看着西雅图的城市风景。这里是西雅图最体面的餐厅之一，经常可见上流社会的人物出入其间。

"如果你们有人能把圣经中《马太福音》的第五章到第七章内容，全部背出来，我就请你们到太空塔餐厅聚餐。"牧师戴尔·泰勒宣布。

泰勒牧师，来自西雅图大学社区大学公理会教堂，是位德高望重的神职人员。每学期开始，他就会要求学生背诵《马太福音》中的这部分内容，因为这段文字很长，不容易背诵，在他多年教书经验中，还没几个人能够完整背出来。

也正因为难度不低，泰勒牧师才给学生到太空塔餐厅吃饭的"好康①"奖励。

这天，有一个男孩自信地举起手，接受了泰勒牧师的挑战。

"耶稣看到这许多人，就上了山，既已坐下，门徒到他跟前来，他就开口教训他们：虚心的人有福了……"

他背完了《马太福音》的第五章到第七章内容，清清楚楚，一字不漏。

男孩的名字叫作比尔·盖茨。

没错，就是那个你应该耳熟能详、创办"微软"公司、影响力遍及全世界的比尔·盖茨。

当时是 1966 年，比尔·盖茨十一岁。

泰勒牧师很惊讶，他没想到比尔·盖茨居然有这么惊人的记忆力。

"你是怎么背下这么长的文字的？"泰勒牧师问盖茨。

盖茨的回答："只要我竭尽全力，我就能完成任何我想做的事。"

---

①闽南语"好事"之意。台湾地区用来特指一些商家的促销行为，或者赠品。比如台湾有一个网站"digwow 好康挖挖哇"就是一个专门发布一些商家促销活动网站。其中"好康"就是"促销""优惠"的意思。

当盖茨终于如愿登上太空塔豪华旋转餐厅，望着窗外的夜景，心中突然涌现一个想法："我也许要做另一种人，要创造出在另一个高度上直接跟上帝交流的另一种语言……"

孩提时代的比尔·盖茨，脑袋里所装的世界，就比同龄的孩子要来得更丰富。

为什么呢?

当然，这跟他从小成长的家庭环境有关。

比尔·盖茨的母亲玛丽，原本是个老师，比尔·盖茨出生后，玛丽为了专心照顾家庭，就不再到学校教书，转换成社区服务人员，去西雅图历史和发展博物馆担任义务解说员。每次到地方学校为学生们讲解本地文化和历史时，她经常会把当时才三四岁的比尔·盖茨带在身边，让他跟着一起听讲，因此，比尔·盖茨很早就从母亲那边得到历史、文化方面的熏陶。

比尔·盖茨的父亲有个大书房，摆满了藏书，这也养成了他热爱阅读的习惯，而且，他不像一般的孩子喜欢看漫画、童话，而是看为成人写的书籍。

最早吸引他的，据说是跟人猿泰山、火星人有关的幻想类型作品。这些书就像是为比尔·盖茨打开一扇门，通向一个充满无边无际想象力的世界，因此他每次待在父亲的书房里看书，一看就是好几个小时。

后来，比尔·盖茨发现家中有一本图文并茂的《世界图书百科全书》，里头讲的全是现实世界中的事物，虽然不是人猿泰山、外星人那种奇幻内容，但是比尔·盖茨反而觉得这类书更有趣，立刻就津津有味地读了起来。

这部《世界图书百科全书》的内容虽然很丰富，但比尔·盖茨还是稍微感到不满足。

第一个原因，就是书本很笨重，携带不方便。

第二个原因是书本这么笨重，却只能"装载"文字和图片，在内容的呈现上，就有了限制。

比方说，在发明家爱迪生的留声机这个章节，书上虽然有留声机的照片，却没有办法让比尔·盖茨听到留声机里的声音。

或是像他读到毛毛虫变成蝴蝶的介绍，虽然有照片，却是静态的画面，无法栩栩如生地呈现蜕变的过程。

"如果，百科全书还可以就我阅读的内容进行测验，或是随时更新内容，那就更棒了！"比尔·盖茨的脑袋中，浮现了好几个点子。

随着年纪渐长，比尔·盖茨又一头扎进富兰克林、罗斯福、拿破仑、爱迪生等大名鼎鼎的科学家、政治家、军事家、发明家的传记中。他认为，读这些名人传记，可以帮他了解，成功的人到底是如何思考的。

另外，比尔·盖茨也读文学作品，以及科学著作、商业书籍。广泛的阅读，让他的思考和行为在同辈之中显得特别突出。

荒坡上的橡树，以及绿野中的小草，如果让你选择，你要当哪一个？

"小草千人一面，毫无个性，橡树伟岸挺拔，顶天立地。"比尔·盖茨曾经跟他的朋友说，"我不想做小草，而是要当橡树。"

因为有着非凡的进取心，加上好胜心强，比尔·盖茨不管做什么事，一定是力求完美，不达目的，绝不罢休，而且一定要超越所有人。

据说，有一次，老师要全班学生写一篇作文，谈人体的特殊作用，篇幅只需要四五页，但是比尔·盖茨交了三十多页。还有一次，老师给的功课是写一篇二十页以内的短篇故事，比尔·盖茨硬是写了超过百页的长文，连老师也目瞪口呆。

一般人自我要求的标准，可能只是"六十分"过关，比尔·盖茨的要求恐怕不只是"一百分"，而是"一百二十分"，甚至是"两百分"。

除了学业上的表现，比尔·盖茨不论做什么事，都要证明自己的能耐。

无论是跟姐姐玩拼图游戏、参加家庭体育比赛，或是在乡村俱乐部游泳，比尔·盖茨一定要竭尽全力去获得胜利。

对比尔·盖茨来说，做任何事，就是要做到"第一名"，屈居第二名绝对不是他的行事风格。

电脑在你的生活中扮演着什么样的角色？

写报告、查数据、看影片、发电子邮件，或是用 QQ 和朋友聊天，已经是多数人日常生活中的一部分，如果没有电脑，一定会非常不习惯。

不过，在四十几年前，电脑还相当罕见，而且不像现在这么轻巧方便，"一台电脑"就要占掉一个大房间的空间，而且造价很昂贵，要数百万美金，一般人根本负担不起。

比尔·盖茨就读湖滨中学时，校方非常有远见，他们买不起电脑，于是向拥有电脑的企业租用，学生通过电话线链接，就可以使用电脑，然后按使用的时间计费，这在当时算是一大创举。

很幸运，比尔·盖茨是第一批接触电脑的学生。当他在终端机输入几条指令，对这些指令处理的结果，立刻能从电脑传回来时，让他感到十分惊讶，简直不敢相信"机器"可以具备如此神奇的魔力。

于是，只要有时间，比尔·盖茨就去电脑机房，不断做各种试验和练习，他也不放过任何与电脑相关的书籍，把他找得到的文章都仔细阅读，研究文章中所提到的程序编写方式和问题，再到电脑上做检验。

因为勤于"练功"，比尔·盖茨在电脑方面的"功力"每天都在进步中，甚至因为太迷恋电脑，加上年轻人难免喜欢恶作剧，在学校租用的电脑上，惹了不少大麻烦，父母也很担心他，于是比尔·盖茨决心离开电脑一阵子。曾经有长达一年的时间，他都没碰过电脑的键盘。

不过，他心里总是有个声音在提醒着："你是无法摆脱电脑的，你的命运注定是跟电脑联系在一起。"

1973 年，比尔·盖茨遵从父亲的心愿，考进了知名的哈佛大学。

从小就在数学方面展现天赋的他，曾经想过未来要当数学家，他在哈佛求学时，也把重心放在数学上。不过，他发现有几个同学比他更有数学方面的天分，而他即使再努力，也不一定能达到世界水平的成就，于是比尔·盖茨开始考虑，数学可能不是他应该献身的领域。

那么，未来该怎么走下去呢？

他曾经想学法律，去当一名律师；或是，踏入生理学，去研究大脑的科学；或是，试试人工智能，说不定有所作为……

每一个选项看起来都有可能成为选项，可是选哪一项？无数的选项，反而让比尔·盖茨觉得彷徨不安。

最后，他想到自己长期以来投注了巨大热情的"最爱"——电脑。

1975年7月，比尔·盖茨毅然离开读了一半的哈佛，投入计算机事业，和好友保罗·艾伦，成立"微软公司"。

当时，比尔·盖茨仅二十岁，保罗·艾伦也才二十二岁。

"微软(Microsoft)"这个字眼，是"微型电脑(Microcomputer)"和"软体(Software)"的缩写，也就是为个人电脑提供软件服务。经过长久的努力，微软——已经是全世界最有影响力的电脑软件公司，比尔·盖茨也因为事业成功，长期以来都是世界富豪榜的第一名。

他在童年时期阅读《世界图书百科全书》所感受的种种不足，三十年后，通过"微软"的软件技术，让一张小小的光盘可以装进整部百科全书的内容，除了文字和图片，还有声音和动画，每读完一个段落，还能帮你测验，看看你学会了多少，阅读也变得更生动有趣。

自我期许不要当小草、要当橡树，比尔·盖茨实践了对自己的承诺，而他也因此改变了这个世界。

◎谢其浚

成长悟语

知道自己究竟想做什么，知道自己究竟能做什么是成功的两大关键。

没有人能使你倒下，假如你的信念还站立的话。

只要有坚强的持久心，一个庸俗平凡的人也会有成功的一天，否则即使是一个才识卓越的人，也只能遭遇失败的命运。

如果你已经制订了一个远大的计划，那么就在你的生命中，用最大的努力去实现这个目标吧。

如果你不知道自己想去哪儿的话，你就不会到达。

第四章

人生最难超越的是自己

凡具有生命者，都不断地在超越自己。而人类，你们又做了什么？因此，请记住，凡不能毁灭我的，必使我强大。

——尼采

徐霞客：丈量天下的行者

　　明朝末年，旱灾水灾没断过，加上贪官污吏，弄得民不聊生。老百姓没饭吃，许多人成了强盗，于是又闹起兵灾，强匪抓不完，北边女真族势力也兴起啦。北京城里的皇帝好心烦，内外交攻，愁得不得了。

　　在这兵荒马乱的时代，湖南茶陵麻叶洞这偏远的山村，这一天，来了个年轻人。

　　年轻人带着仆人，四处打听麻叶洞，说是想要进去看一看。

　　村里的老人说："麻叶洞不能进呀，打从我爷爷的爷爷的爷爷一直到现在，没人进去过呀。"

　　"为什么？"

　　老人说，里头有神龙，也有人凑过来说，那里有精怪，会吃人的。

神龙？精怪？年轻人不相信，出重赏，询问村中可有人能带他进去。

"真是不懂事！"老人摇摇头。

村里有个壮丁，贪图赏银，鼓起勇气说："我去。"

麻叶洞深不可测，壮丁边脱外套，边问他是哪里来的法师，有什么神通？

"神通？不不不，我只是个读书人。"

壮丁吓得直往后退，嘴里哇啦哇啦地说："余以为大师，故欲随入；若读书人，余岂能以身殉耶？"

意思是说："我以为你是个大法师，才敢跟你进洞冒险，没想到你只是个读书人。读书人手无缚鸡之力，还想进洞抓妖？我才不陪你去送死咧。"

年轻人执意要进洞的消息，让偏僻的村子沸腾起来，于是"樵者腰镰，耕者荷锄，妇之炊者停爨（通爨，烧火做饭），织者投杼，童子之牧者，行人之负载者，接踵而至"。

年轻人好像看惯了这样的场面，他自在地举起火把，在众人惊讶、不解、疑惑的眼光中，进了洞。

"这不是找死吗？"众人议论纷纷。

"是呀，从我爷爷的爷爷的爷爷那代开始，就没人敢进去。"

老人不忘了再加一句，"莽撞啊！"

进入麻叶洞的年轻人，拿着火把，在高高低低的岩洞里探勘。火光下，岩洞很干燥很干净，年轻人摇着头，不解外面的人，为什么宁可相信传说，也不敢进来一探究竟？

这个年轻人不是别人，正是历史上著名的地理学家徐霞客。

徐霞客是江苏江阴人，原名弘祖，字振之，霞客是他的号。徐家，书香门第，祖上曾担任政府的官员，累积了一点财富，到了徐霞客的父亲徐有勉这一代却不愿为官，也不想跟有权势的人交往，只爱寻幽访胜。

徐霞客深受父亲影响，从小就好读历史、地理和探险、游记之类的书籍，像是《山海经》《舆地志》等。在私塾上课的时候，老师要他读经书，为以后的科举考试做准备，可是徐霞客却在经书下压着地理图志，读着读着，读到出神了，心思就溜到广阔的空间去旅行了。

在那个读书人唯一出路就是上京赶考，认为金榜题名才能光宗耀祖的年代，小小年纪的徐霞客，却早已立志要游遍名山大川，当一名旅行家。

十五岁那年，他参加童子试，因为没准备，也就没考取。父亲见儿子志不在此，转而鼓励他博览群书，做个有真实学问的人。徐家祖先建了一座万卷楼来藏书，让徐霞客比别人有更方便阅读的环境。

徐霞客并不是个死读书的人，有不懂的地方一定要弄到懂，万卷楼的藏书不能满足他的求知欲，他就四处搜集书籍，碰上一本好书，就算得把衣服脱下来典当，他也愿意。

只是书上说的和现实生活中的世界一样吗？

能不能去亲眼看看这个大千世界呢？

十九岁时，徐霞客的父亲过世了，出外游历的念头召唤他，然而儒家思想也影响着他，"父母在，不远游"，母亲年纪大了，他怎么能出外远行？

每个热爱旅行的游子，都会受到这么两股力量拉扯：一方面希望能走得越远越好；一方面对家庭亲情却又放心不下。

徐霞客小看了他的母亲。

他母亲很有经济头脑，她筹办织布坊，勤于规划产品线。徐家的丝织品精美，市场上十分抢手，为徐家积累了可观的财富。徐母读书识字，思想也很开通，当她看出孩子的志向后，就鼓励他："男子汉大丈夫，志在四方，岂能被儿女私情给困住？你去吧，去广阔的天地间舒展胸怀，增广见闻，别因为娘，让你变成鸡笼里的小鸡，马圈里的小马，整日困在家里无所作为呀！"

母亲亲手为徐霞客准备行装，帮他缝制一顶"远游冠"以增强决心。有了母亲的谅解与支持，徐霞客再无后顾之忧，这一年，徐霞客二十二岁了。他头戴远游冠，肩挑行李，带着一个仆人，先后游历了太湖、洞庭山、天台山、雁荡山、泰山、武夷山和北方的五台山、恒山等名山。

　　徐霞客攀登雁荡山时，想起古书上说雁荡山顶有座大型湖泊，他是个求真求实的人，当然想去看看这座湖。当他爬到山顶时，只见一道笔直的山脊，连下脚处都找不到，哪来的湖呀？

　　徐霞客不肯罢休，继续向前走到悬崖，前方无路可行了，他仔细观察，发现崖下有个平台，于是把布带系在岩石上，双手抓住布带腾空飞渡来到平台。然而平台凸出在山崖上，足足有百丈高，下去是不可能的，且慢，这下他还得回头呀，他只好抓着布带，蹬着悬崖，吃力地往上爬。

　　爬呀爬呀，布带吃不住他的重量，"啪"的一声，断了，幸好徐霞客眼明手快，紧抓住一小块凸出的岩石，他把断掉的带子绑好，重新攀援，这才回到崖顶。

　　这样危险的旅程，他一辈子不知道遭遇过多少次，却从没让他害怕，别人道听途说，跟着以讹传讹；徐霞客呢，他总是要去亲眼看看，实地走走，这才安心。

　　有一次，他去黄山考察，途中下起大雪。当地人告诫他：

"千万别上山，山上的积雪齐腰，上不得呀。"

徐霞客坚持登山。来到半山腰，山势越来越陡，路面也结了一层厚厚的冰，脚踩上去，立刻就滑下来。徐霞客利用随身带的铁杖在冰上凿坑，脚踩着冰坑，一个坑一个坑地爬上黄山。

黄山上的僧人看到他都觉得很意外，因为他们被大雪困在山上已经好几个月了，山上的人下不去，反而是山下的人，冒险登上山来啦。

黄山是徐霞客最喜欢的山。他两次造访，泡温泉、赏奇松、观云海，回来还留下"五岳归来不看山，黄山归来不看岳"的名言，直到今天，还吸引无数的人慕名上黄山呢。

徐霞客见识到各地的奇风异俗，经历过各种惊险场面，说给别人听，人们听了都吓呆了，只有他的母亲，不但听得津津有味，后来还跟着徐霞客去探了几个石灰溶洞。

徐霞客最壮阔的旅行是在公元 1636 年，那年他五十一岁，一共走了四年才回家。出游到中国西南地区，只是他才到湘江就遇到强盗。仆人受伤，行李、旅费被劫，连他也差点丧命，旁人劝他回去，他却坚定地说："我带着一把铁锹来，什么地方不可以埋我的尸骨呀！"

徐霞客只凭双脚的旅行，又碰上明末的动荡，曾经三次遭遇盗匪，也曾四次面临断粮的危机，却都成了他笔下一篇又一篇让人叹为观止的传奇。

徐霞客的游历，并不是游玩而已，要玩，他有钱，他可以雇人抬轿，专走风景优美的区域，轻轻松松，多么愉快。然而他却选了一条少有人走的路径，以亲身体验，用脚丈量世界的方法，来看待他身处的国度。

长江是中国最长的一条江，自古以来，人们都相信战国时期《禹贡》这本书上的说法，说是"岷江导江"，认为岷江是长江的源头。

徐霞客对此产生疑惑，他"北历三秦，南极五岭，西出石门金沙"，最后终于查出金沙江发源于昆仑山南麓，比岷江长了一千多里，于是断定金沙江才是长江上源。由于当时条件的限制，徐霞客没能再往上继续寻找长江真正的源头，却已经为后人对长江源头的探究，往前迈出了极为重要的一步。

徐霞客也是石灰岩地形考察的先驱。中国西南地区石灰岩分布很广泛。徐霞客在湖南、广西、贵州和云南都做了详细的笔记。他没有任何仪器，勘察只凭着目测步量，但是他对桂林七星岩十五个洞口的记载，与今天地理研究人员的实地勘测，结果大致上是符合的。

最难能可贵的是，我们今天知道的徐霞客，全来自他的日记，那是他经历一天的野外考察后，不管是在荒村野庙，还是在断壁老树下，都会就着一盏小油灯，把当日见闻一字一句记录下来。

徐霞客前前后后共写了二百多万字的游记，其中多是他一步一个脚印地亲自去观察去体验的明朝中国大陆的第一手报道，"闻奇必探，见险必截"。可惜的是，这些日记大部分已经散佚，我们今日所见的《徐霞客游记》只是其中一小部分，但即使是这仅存的六十余万字，却已展现出一幅伟大的旅行家眼中的壮阔大地，那是如此的丰饶，如此的瑰奇，令人不由得感叹徐霞客用他有限的生命，去描绘，去探奇，为我们留下了这伟大的行者诗篇。

◎王文华

成长悟语

大丈夫当朝游碧海而暮苍梧。

生平只负云小梦，一步能登天下山。

春随香草千年艳，人与梅花一样清。

郑板桥：二十年前旧板桥

云峰山上有块郑文公碑，字体遒劲有力，爱好书法的人士，常常慕名而来。

有一天，来了个读书人，他也是专程来看碑。读书人边看，边用手在空中临摹，看着临着，完全没注意到山头卷起浓墨般的乌云，顷刻间，雷声大作，雨势滂沱。这时想回山下是来不及了，匆忙中，读书人在山坳里发现一户人家，急忙过去躲雨。

屋主是个老人，自称"糊涂老人"，健谈又好客，生了火，取了干净衣服给读书人换，两人越谈越是投机，真有相见恨晚的感觉。

谈着谈着，窗外雨停了，阳光重新露脸，读书人发现，这山居人家摆设雅致，最突出的是一方桌面大的砚台，材质细致温润，可惜上头没有镂刻装饰。

"你进我家门，想来是有缘，可否在砚台上题几个字，他日，我好找人镂刻上去。"

老人一再邀约，读书人也不好推却，就从老人的名字发想，灵机一动，大笔一挥，题了"难得糊涂"四个字，再盖上"康熙秀才雍正举人乾隆进士"的章。

字题了，章盖了，读书人发现砚台上还有余地，所以又补写一段："聪明难，糊涂尤难，由聪明而转入糊涂更难。放一着，退一步，当下心安，非图后来福报也。"

字一写完，糊涂老人欢喜地拉着读书人的手说："啊，原来是板桥大人大驾光临，今日能得郑大人的字，那真是这块砚台的造化呀！"

原来，这读书人就是郑板桥，诗书画三绝，是清朝扬州八怪之一。

郑板桥，名燮，号板桥，他是江苏兴化人，自小家贫，也曾志在功名，只是虽然刻苦攻读，却直到二十多岁才成为秀才，雍正年间中举人时已经三十多岁了，等到他四十四岁考上进士，已是乾隆元年啦。

如果六岁开始读书识字，那么郑板桥在"寒窗"下整整熬了三十八年，人生中最精华的岁月，几乎已过了三分之二。因此，他才会刻那块"康熙秀才雍正举人乾隆进士"的印章来自嘲。

古人说，十年寒窗无人问，一举成名天下知。郑板桥的时运真是不济，好不容易成为进士，应该可以一展抱负去造福乡梓，没想到朝廷像是忘了他的存在，让他"在家待业"，也不派官职，也不给薪俸。

在家待业总要养家糊口，郑板桥回到扬州卖画，开馆授徒，勉强糊口。幸好，郑板桥的字画很有名，要卖钱是没问题；有问题的是，他这人有个臭脾气，字画只卖给一般人，为富不仁的人想跟他买字画，他还不愿意卖。这么有个性的艺术家，一倔起来，任凭天王老子也劝不动。郑家老老少少，只好常常处在饥饿状态。

穷困的日子，转眼又过了六年。乾隆七年，朝廷终于想起他，派他到山东范县当知县。

知县，只是个七品大的芝麻官，官虽小，却终究是个官，可以坐轿子去上任。如果是一般人，好不容易当官，总要敲锣打鼓，大肆宣扬一番。

郑板桥不是一般人，他去范县时，只带了一个书僮，牵了一头毛驴，毛驴上驮了几箱书，就这么徒步上任去了。

范县是个穷县，河水经常泛滥。郑板桥到任后，除了审案子，最多的时间，就是到乡间去和农夫们聊天，在郑板桥的心里，他认为农人终日劳动最伟大，特别写信告诉家人：

> 我想天地间第一人，只有农夫，而士为四民之末。农
> 夫上者种地百亩，其次七八十亩，其次五六十亩，皆苦其身，
> 勤其力，耕种收获，以养天下之人。使天下无农夫，举世
> 皆饿死矣。
>
> 《范县署中寄舍弟墨第四书》

"士"就是读书人，郑板桥最瞧不起的，就是那种热衷功名，
只为了当官发财的读书人，所以他写这种人：

> 一捧书本，便想中举、中进士、作官，如何攫取金钱、
> 造大房屋、置多田产。起手便错走了路头，后来越做越坏，
> 总没有个好结果。其不能发达者，乡里作恶，小头锐面，
> 更不可当。夫束修自好者，岂无其人；经济自期，抗怀千
> 古者，亦所在多有，而好人为坏人所累，遂令我辈开不得
> 口；一开口，人便笑曰："汝辈书生，总是会说，他日居官，
> 便不如此说了。"
>
> 《范县署中寄舍弟墨第四书》

郑板桥是实实在在为百姓做事的人。在他生活的年代，老百姓见了官，还得下跪请安，百姓按时纳税，平时被当官的欺压，遇到灾难时，官员两手一摊，凡事往上欺骗，往下逞威，什么都不管。

郑板桥从穷困出身，他明白民间疾苦，知道要苦民所苦，没有官员的架子，时常微服出巡，探询百姓的难处，解决他们的困难。

范县时常有水患，他就号召大家捐钱修筑河堤，还带头先将自己的俸银捐了"三百六十千"，知县大人都捐了，县里的大户人家也不得不跟进，最后凑齐了钱，终于解决了水患，让百姓能安居乐业。

乾隆十一年，郑板桥调任潍县知县，潍县自然条件比范县好一些，郑板桥依然骑着小毛驴上任去。

等他到了任，却遇上连年大旱，田里收不到作物，老百姓活不下去，只能卖儿鬻女，举家逃荒，路边时常见得到饿死的人。

这么严重的灾情，让郑板桥寝食难安，他是地方的父母官，不能不帮百姓的忙。他不断地向上司反映，公文写了一封又一封，希望朝廷赶快拨款救灾，不然也要让他打开官仓救济灾民，帮助百姓度过这场灾难。

可是高居上位的官员却无动于衷；潍县的富户巨贾又趁火打劫，囤积粮食高价贩卖，致使"斗粟值钱千百"，城里的粮价一日三市，穷困的老百姓，根本买不起白米。

万般无奈中，郑板桥决定拿自己的乌纱帽来赌：他打算冒着杀头的大罪开粮仓救济百姓，没钱的人们只要写下借券，就能借粮回家。

郑板桥把他的想法告诉县府官员，想听听大家的意见，官衙里的人都持反对意见。

清朝时期，私开粮仓是大罪，官员们劝郑板桥不要躁进，还是等上司回复公文后再说。

"再等等，再等等……"板桥急了，"你们怕自己丢掉脑袋，可是外头的灾民却等不及了，这样一级一级把奏章报上去，再一级一级批下来，等公文批下来，百姓也都饿死了。"

他激动地说："开仓赈灾由我做主，如果朝廷将来追究责任，千刀万剐由我承担。"

"这……"其他官员迟疑着。

郑板桥拍着桌子："即刻传令，今日开仓，让灾民持券借贷。"

因为郑板桥的决定，潍县的百姓终于不必离乡背井去逃荒，被他救活的饥民无以计数，贫困的人们感谢他，拿不出什么回报他，就在家里贴了他的画像，把他当成菩萨般尊敬。

那年秋天，农作物依然歉收，百姓依然无粮可还，为了不让大家为难，留下后患，郑板桥将借券一把火全烧了。

一个小小七品芝麻官的胆识让人钦佩，那些躲在黑暗里的恶势力却也借此反击，他们说郑板桥开仓盗卖粮食，肥了自己，贪污了朝廷的银两。

乾隆十八年，六十一岁的郑板桥终因"忏大吏"的罪名被罢了官，即使被罢了官，他也觉得心安理得，离开潍县之前，特别画了一幅墨竹图，题诗其上，以明其志：

　　　　乌纱掷去不为官，
　　　　囊橐萧萧两袖寒。
　　　　写取一枝清瘦竹，
　　　　秋风江上作渔竿。

　　　　　　　《予告归里画竹别潍县绅士民》

临别之日，郑板桥依旧是那头小毛驴，多了一盆兰花和"一肩明月，两袖清风"。潍县的百姓夹道相送，号哭挽留，有的人竟跟着他的毛驴，足足送出百里之外。

郑板桥十二年的宦海生涯，始终都只是个穷知县，别人是"十年清知府，万两雪花银"，几年官当下来，就能买田置产，家财万贯；他却是十二年始终如一日的"七品芝麻官"，当官却没发财，真不是个当"贪官"的料，才会落得"宦海归来两袖空，逢人卖竹画清风。"

不过，脱掉乌纱帽后，不用为五斗米折腰了。郑板桥终于又恢复他机智风趣的面貌，找回"二十年前旧板桥"，轻松面对罢官后的生活：

老困乌纱十二年，
游鱼此日纵深渊。
春风荡荡春城阔，
闲逐儿童放纸鸢。

《罢官作》二首之一

"三绝诗书画，一官归去来"是人们对板桥先生官场与艺术成就的总结，他自己说过："夫读书中举中进士做官，此是小事，第一要明理做个好人。"

郑板桥这小小的七品芝麻官，遇上荒年，又非贪官，能有多少薪俸？他私开官仓,害得自己丢官罢职,岂不是个糊涂官？但是救济百姓，拯生民于水火，却又是"明理做个好人"的大智慧表现。

"难得糊涂"说来容易做来难，或许就是因为这样的洒脱与率真，郑板桥才更值得我们钦佩与学习。

◎王文华

成长悟语

难得糊涂，吃亏是福。

咬定青山不放松，立根原在破岩中。千磨万击还坚劲，任尔东西南北风。

宁可食无肉，不可居无竹。无肉令人瘦，无竹令人俗。

不奋苦而求速效，只落得少日浮夸，老来窘隘而已。

名利竟如何岁月蹉跎，几番风雨几晴和，愁水愁风愁不尽，总是南柯。

吴健雄：这个世界没有必然

> 在任何进步的道路上，最大的绊脚石一直是那根深蒂
> 固、难以摇撼的传统。
>
> ——吴健雄

一九五六年圣诞夜，街头上银雪纷飞，许多人急着赶回家里过节。一位个头娇小的东方妇女，独自穿过冷冽的街道，夹在人群之中，快步走向美国华盛顿的联合车站，赶搭开往纽约的末班列车。过去几个月的每一周，她总是像这样，在华盛顿与纽约之间两地奔波。

在这冰冷的雪夜中，这名妇女和众多归心似箭的旅客一样，并没有引起旁人的注意；甚至因为白人对有色人种与女性的普

128 ·

遍歧视，而暗地里遭人忽略与冷落。

但是谁也料不到，这梳着旧式包头、身穿传统旗袍，看似平凡、严肃的中年主妇，竟是一位走在时代最尖端的原子核物理学家。她不但曾是普林斯顿大学建校百年来的第一位女性讲师，也曾在制造原子弹的"曼哈顿计划"中，担任过极为关键的角色。正在此时，一份即将引爆革命的研究报告正安静地躺在她的行囊中，等待数周后公诸于世，这将使二十世纪的物理学界，发生翻天覆地的重大革命。

她，就是拥有"东方居里夫人"之称的女性物理学家——吴健雄。由她和其他几位科学家所掀起的这场科学革命，就是被称为"对称性革命"的"宇称不守恒"。

当时的科学家们大都相信，在自然界中，大到肉眼看得见的一般现象，小至原子内的微小世界，都具有左右对称的对称性，称为"宇称守恒"定律。

但其实，人体是左右对称，花朵也是左右对称，这些人人肉眼可见的现象，的确都符合左右对称；但是人眼见不到的原子核内部，是不是也是左右对称的呢？从来没有人做实验来检验它，大家却不加怀疑地相信那是真的。如果有人想挑战它，就会被认为是智识不清，或是睁眼说瞎话，必然面临其他人的强烈质疑和讪笑。

不过，有两位年轻的理论物理学家李政道和杨振宁，却发现了一些端倪，决定对"宇称守恒"发动革命。他们精于理论计算，却苦于没有实验证据，来支持"宇称不守恒"的论点。

于是，这两位聪明的物理学家，找了其他科学家讨论，其中也包括吴健雄。不过，这些人当中，有些人轻忽了这件事的重要性，有些则认为实验难度太高，根本不可能办到。只有吴健雄，经过仔细思索，慧眼看出这场实验的重要价值与革命性影响。她断然取消原本出国开会与演讲的计划，留在美国，邀集其他几位各精所长的物理学家，一同进行密集的实验。

吴健雄素以实验设计精巧、仔细又准确闻名，做起实验来，充满狂热又有股锲而不舍的拼劲。当时的物理学界流传着一句话："如果这个实验是吴健雄做的，那么，就一定是对的。"尽管障碍重重，而且不一定会开花结果，吴健雄仍然决定进行这场实验。

这场实验在美国华盛顿特区的国家标准局，密集进行了好几个月。吴健雄除了做实验，还得兼顾哥伦比亚大学讲课的工作，所以经常往返于两地之间。慢慢地，实验的相关消息传了开来，大家议论纷纷，但多数人仍旧一面倒地认为，这一类实验根本不可能成功。

"如果实验结果证明，宇称真的不守恒的话，我就吃掉我的帽子！"1952 年诺贝尔物理奖得主布洛克，当时曾经尖锐地提出质疑。

"那是一个疯狂的实验，不需要浪费时间。"才气横溢的费曼博士也曾这么批评。

"谁都知道，宇称一定是守恒的。"当时人称"伟大鲍利"的物理学大家鲍利也不客气地说，"像吴健雄这么好的一位实验物理学家，应该去找些重要的事做，不应该在这种显而易见的事情上浪费时间。"不但如此，他还在信上和其他物理学家打赌：不管赌注多大，宇称一定是守恒的。

就在大家极度不看好，而且充满质疑与调侃的气氛当中，吴健雄与合作的伙伴们还是夜以继日地进行着预定的实验计划。

圣诞节就在忙碌中悄声地走远了。

1957 年 1 月 9 日，半夜两点，吴健雄和其他四位合作伙伴，在灯火通明的实验室紧盯实验数据，小心谨慎地对所有实验过程与结果做最后的查证。直到确定无误之后，才打开一瓶上好的法国红酒，热烈庆功。

"为这个科学历史上的伟大时刻干杯！"

"宇称守恒定律，已经死了！"

虽然，宇称不守恒对一般人来说难以理解，但在科学界就像浪潮扑岸一样，席卷了全世界，不但颠覆了当时物理科学的基本思想，也影响了后续的化学、天文、生物、气象，甚至心理学的发展。

这项实验跌破大家眼镜，就连吴健雄自己心中也震撼不已。她在实验中，亲眼目睹电子倾向于左手旋的"不对称"现象，内心澎湃汹涌，有半个月的时间几乎无法入睡。

"这带给我们什么启示呢？"

"为什么老天爷要我来揭开这个奥秘呢？"

最后她认为："这件事情给我们一个教训，就是永远不要把'不验自明'的定律视为必然。"

来年，杨振宁、李政道获颁诺贝尔奖，成为史上首度得到诺贝尔奖的中国物理学家。吴健雄虽然没有获得诺贝尔奖，却因此名扬四海，受邀到世界各地演说，所到之处尽是英雄式的热烈欢迎。

这是四十四岁的吴健雄。

一位一路走来，曾经饱受性别歧视的女性科学家，终于以傲人的成就，获得举世的尊崇。

民国元年，吴健雄出生于江苏太仓，父亲吴仲裔是一位思想先进、知识渊博的人物，曾经加入同盟会，参与推翻满清的军事行动，也曾创办学校，鼓励女性就学。家中唯一的女儿吴健雄，自然承袭了父亲聪明又具开创性的行动能力。吴仲裔不但从小灌输女儿新时代的知识，还鼓励吴健雄如男子一般离乡背景追求理想。所以，吴健雄虽然来自男尊女卑的传统中国，从小在家庭和学校里感受到的，却是男女平权的新气象。

因此，当她于1936年赴美深造，一抵达旧金山，便对当时美国社会对女性的歧视，感到非常不平与讶异。

她原本计划就读美国内陆的密歇根大学，但是才踏上美国土地不久，就听说密歇根大学十分保守，原本由男女学生共同出资兴建的学生俱乐部，在兴建完成以后，竟然限制女学生只能走侧门！于是吴健雄改变心意，改读加州大学伯克利分校的物理系，成为物理学家塞格瑞的学生。

吴健雄很快成为众人眼中的物理系"系花"，不只是因为她总是穿着美丽的中国式旗袍，显得俏丽又优雅；也是因为她娇小的东方女性身材，被包围在人高马大的白人男生之中，十分抢眼，颠覆了不少人以为女科学家总是邋遢老处女的刻板印象。

但是吴健雄最受人激赏的，不是她的外貌，而是她对物理研究的热爱与才气。她经常在实验室忘情地工作，有时忘了吃饭，有时直到半夜三更，才徒步回到宿舍休息。

然而，当她在 1940 年，以优异成绩和耀眼的物理研究得到博士学位之后，却无法成为伯克利的教授；理由十分简单，只因当时美国最顶尖的研究大学根本没有半个女性物理教授。

在那个年代，欧美的科技与文化虽然蓬勃发展，但传统上还是歧视黑人、亚洲人、女性及犹太人；物理学界则几乎由男性垄断，许多名校的教授清一色是男性，女性科学家即使研究成绩再突出，也很难争到一席之地；而且就算幸运地获得教职，拿到的薪水也比男性科学家少。

就连当时做出杰出贡献的奥地利物理学家麦特勒，也因为同时具有女性和犹太人的双重身分，只能待在根本没有女生厕所的地下室工作，而且和用人一样只能从后门进出。

面对不友善的工作环境，吴健雄冷暖自知。但是激烈的不理性抗争或出言不逊，都不是对抗大环境的最好方法；因此，她穷尽一生的心血，以辉煌的成果立下女性科学家的典范；并且在享有名声与影响力之后，关心女性科学家的工作机会与权益，公开呼吁大家必须平等地对待女性，使女性投身物理研究的风气渐开，社会歧视女性的态度也渐渐消弭不见。

吴健雄在演讲中曾说："微小的原子、数学符号或生物遗传分子，难道对男性或女性也会有不同的偏好吗？"不会，当然不会，是人为僵化的传统观念，阻碍了男女平权的进步。而吴健雄正是那位，多次以行动打破人心僵局的科学女巨人。

◎胡妙芬

成长悟语

永远别把"不验自明"的定律视为必然。

那不可撼动的传统，一直是进步的绊脚石。

以行动证明自己，打破人心僵局。

邓肯：我让双脚自由

观赏她的舞蹈，

我们的精神远溯至远古时代，深深探入许多世纪以前，

我们仿佛回到世界的黎明，

那时，伟大的灵魂，可借躯体之美自由表达，

动作的韵律与声音的节奏相对应，

人体的动作与风、与海融成一体，

女性臂膀的姿态就像玫瑰花瓣开展，

赤裸的脚尖踩在草皮上，就像一片叶子飘落到地面。

——《太阳报》，1908 年 11 月 15 日

她又来到波提切利这幅名为《春》的画作前。我注意到她，

是因为她的五官甜美，和欧洲仕女的身材相比，她显得略微高大，但举手投足间带着淑女的优雅，又有一股少女的雀跃。她已经连续三天来到这个美术馆，静静地站在画作前，脸上变换着各种神秘的表情。

"小姑娘，坐下来歇歇腿吧。"我找了一张椅子，搬到她身边。

"感谢您，老爹。"她有点意外，但立刻接纳了我的好意，笑吟吟地坐了下来，眼神闪着迷人的光彩，"我的腿很强壮，并不会累，"她拍拍双腿，接着说，"但我真希望能够完全融入他们的世界，春夏秋冬都和他们一起跳舞。"

"你是一个舞娘？"我上下打量她的模样，心里觉得疑惑。

"呃，不是，不是那种歌剧里装模作样、挑逗男人的舞女，"她说的意大利语，有美国口音，"更不是卑躬屈膝、拘谨乏味的芭蕾舞。"她点点头，好像颇为肯定自己刚才所做的批评。

她站起来走到画作前，指着画中三名薄纱女神说："我跳的是这种舞蹈，跟着大自然的节奏，把来自于母亲和神灵的爱与柔情，通过肢体动作，尽情地表达出来。"

一时之间，我还以为眼花了。当这位小姑娘站在画作前，告诉我她是一个什么样的舞者时，画中原有三个薄纱女神突然变成四个人。

她叫伊莎多拉·邓肯，美国人，二十一岁的时候和母亲、姐姐一起来到欧洲，英国、法国一些上流社交圈，还有当代一些艺术界的文人雅士，似乎都知道她。听说，大雕塑家罗丹对她着迷得不得了，画了好多她跳舞时的速写；但是，也有传闻说这位小姐跳舞时只穿一件薄罩衫，思想前卫，作风大胆，一堆纨绔子弟追求她，私生活一团混乱。

　　撇开名媛贵族间的是非八卦。眼前这位小姐，一个人来到美术馆好几天，始终站在同样一幅画作前，她到底在想些什么呢？

　　"我信奉舞蹈的源头就是大自然。"邓肯小姐说，"这幅画激发了我的灵感，它就像我小时候刚开始跳自己的舞步时一样的感觉。"她把脸颊靠近肩头，脸上有一层淡淡的粉金色，"画家把那种既柔和又优雅的美丽律动画出来了，覆盖繁花的大地，柔缓起伏，西风之神追逐着海洋仙女，海洋仙女又叼着草叶，奔向欣欣向荣的花神，维纳斯的身边是代表贞洁、美丽与爱情的三女神，爱神丘比特的小弓箭会射向谁呢？"邓肯小姐停顿了一下，最后几乎是轻轻呐喊着说："这就是春天哪。"

　　"噢——真精彩！"我虽然是个美术馆的老管理员，但在这个小姑娘面前，年轻时蠢蠢欲动的心情又荡漾了起来。"小姑娘，是谁教你舞蹈的啊？"

"我唯一一次上正统的舞蹈课，大概是五岁那年，妈妈送我去学芭蕾舞，才上了三次课，我就觉得'真是够了'！"看得出来，她是一位个性开朗又热情的年轻小姐，"是谁规定小孩子要跳芭蕾那样的舞步呢？像个装了关节的小傀儡，踮起脚尖，一再重复地摆出各个舞蹈位置，那实在违反自然，又没有灵魂。"邓肯小姐一边说着话，她的肩、肘、脚、膝盖也微微配合着做出各种动作。

她注意到我盯着她发呆，扑哧一声笑了出来。

"偷偷告诉你喔，老爹，"邓肯小姐凑近我的面前，压低声音说，"我还不满七岁，就开始教邻居小朋友跳舞了。"童年时的她，看了很多课外读物，有时候抓到一两句有画面的诗句，就随着奇思异想即兴创作，例如：十九世纪诗人朗费罗的诗："将一支箭射入空中。"邓肯小姐说："老爹，我那时就一直念这首诗给邻居小朋友听，要他们用身体来体会诗句中的精神。"

邓肯坐回座位，但她接下来所说的话，却让人感觉她的身影比站着的时候更为高挑。

"我从小就梦想有一种截然不同的舞蹈，我不确定那是什么，但我正朝着一个看不见的世界摸索前进。"邓肯再度把目光转向波提切利的画作，"直觉告诉我，一旦找到了那把钥匙，我就能登入殿堂。"

邓肯并没有立刻找到钥匙。十一二岁的时候，她想加入剧团，心想，也许跟着剧团可以早一点找到心目中那个世界的大舞台。她穿着一身白色的希腊式及膝上衣，束着腰带，配合着母亲弹奏的门德尔松《无言歌》起舞，舞团经理觉得这种表演平淡无味，讽刺地说："你比较适合去教堂跳吧。"

不断尝试了两三年，终于有一位色眯眯的胖经理告诉她："嗯，你很漂亮，"他说，"如果你别穿这种希腊式的袍子，换上蓬蓬裙，跳个踢踏舞之类的，应该会一炮而红。"

"小姑娘，你没傻傻听他的话吧？"邓肯小姐虽然年轻，但她有一股让人信赖的说服力、沟通力和行动力。我只不过是帮她搬了一张椅子的美术馆管理员，但好像已经成为她的忠实粉丝。听着她早年的经历，忍不住为她捏把冷汗。

"当时，我们全家都已经身无分文了，只靠一些西红柿过活。我只好硬着头皮，找了一家百货公司的经理，尽我最大的努力，请他们给我一点布料和一些蕾丝花边……"邓肯的母亲连夜替她缝了一件有波浪褶边的舞衣，隔天，邓肯又去找那位胖经理，在他面前奋力表演，希望跳出让胖经理满意的舞步。

邓肯小姐换得了一周五十美元的薪水，一家人暂时不用饿肚子了，"但那个夏天，是我有史以来最痛苦的时期之一，我对芝加哥的印象，也因为这样，总是夹杂着饥饿和反胃的感觉。"

苦难以及不顺遂并没有结束。十五岁的邓肯到了纽约，终于进入比较有名的剧团，然而每天晚上都演出相同的剧目，让她觉得快要窒息了。终于在《仲夏夜之梦》这出戏中，有一个小桥段，导演答应让她负责独舞。邓肯小姐回忆："导演要我跳精灵，我试着跟他反映：'跳精灵不一定非得戴着那纸糊的亮晶晶翅膀啊。'可是导演一再坚持，我只好假装身后没有那一对翅膀，全神贯注地运用我身体的每个部位，面对伟大的观众，跳出我心里最美的舞步。"

不由自主地，台下观众爆发出如雷般的掌声，差点使得后面"正规"的演出无法进行，导演气坏了，隔天晚上当邓肯出场独舞时，故意熄灭所有灯光。邓肯仍然在黑暗中，跳着她的精灵之舞。

"我那时非常不快乐，我的梦，我的理想，我的抱负，好像完全渺无希望。剧团里的人都觉得我是个怪人，少数交往的几个朋友也各有怪癖。"邓肯小姐说。她的艺术，就只是在舞姿与动作中，真实表达"我"的存在。

不只在黑暗中仍坚持跳舞。十六岁时，她在全无音乐的陪衬下献舞，快结束时，台下观众感动地大喊："这是'死亡与童女'

之舞啊！"

"这件事情被报纸杂志传开了，我的名气也从美国传到了欧洲。"邓肯小姐摊开双手说，"一个人若真想做一件事，为什么不去做呢？我从不等待，想做什么就做什么。"她一旋身就站了起来，从椅背后面像阵风一样绕向靠近走道的窗户边。

"喏，你瞧，我经常身无分文，却不断追求完美的顶峰。我用灵魂听音乐，用呼吸来看画；我把额头仰起接受风和雨，我把双臂张开给予爱。"邓肯小姐说这话时，我觉得灵魂仿佛被她电了一下。

"大家都说我跳的是希腊式的舞蹈，我希望有一天，大家会明白，这些舞蹈其实源于美国，所有这些动作，从哪里来的？它们来自美国伟大的自然、来自内华达山脉、来自太平洋，还有太平洋冲击的加州海岸，也来自落基山脉、来自雅斯米山谷、来自尼加拉瀑布。我跳的是美国大地的语言，我让双脚，自由。"

夕阳余晖映照在伊莎多拉·邓肯的身上，她的胸前发出金色的光芒，像是太阳神的女儿一样，把一种光亮灌注到人们的肢体中，让后来的人们都从自身找到最恰当的舞步。

◎史玉琪

143

§成长悟语§

有德行的人之所以有德行，只不过受到的诱惑不足而已；这不是因为他们生活单调刻板，就是因为他们专心一意奔向一个目标而无暇旁顾。

只有唤起人类追求美的愿望，她才能获得美的本身。

我从不等待，想做什么就去做。

我把额头仰起接受风和雨，我把双臂张开给予爱。

第五章

真诚与热爱，我永不放弃

人生不只是坐着等待，好运就会从天而降。就算命中注定，也要自己去把它找出来。真诚面对自己，越艰困越要追寻本心；真诚面对人性，就算遗憾也令人感动。

——李安

李安：真诚的心感动世界

李安给人的印象，温文和煦。

但他走过的成长路，颠簸崎岖。

高峰深谷间起落，

李安到过许多人迹罕至的人性角落。

他对生命的体悟，令人低回。

他对人性的同情，悲悯宽容。

千山万水走过，

他深刻体验到：

真诚面对自己，

越艰困越要追寻本心。

真诚面对人性，

就算遗憾也令人感动。

五月初的纽约街头，春寒料峭。电影导演李安从一个午餐会议，匆匆赶回纽约大学附近的 Focus 公司办公室。新片《制造伍德斯托克》正紧锣密鼓地展开，这已经是李安今天第四个行程了。他的脸上略有倦意，却非常认真、专注地回答每一个问题。要换到另一间办公室续谈，看访客忙乱地收拾一堆器材，李安很自然地帮忙拿起好几样，两手满满一路爬楼梯过走道。临行前，请李安签书，他慎重地说，这要用黑色签字笔。写好后，正要合上书页，想了想，又再拿回来，添了两个字："保重！"递出书，拍拍访客的肩膀，笑容中带着鼓励："跑这趟辛苦了。"

"我希望自己是个好人。"被问到他最重要的人格特质时，李安笑着说，有点不好意思。在许多人的印象里，这一款质朴真诚、李安式的笑容，挥之不去，十分难忘。

不管是李安的人，还是他的电影，最大的魅力，就是真诚。

"真诚地面对人性……真诚地面对自己，"两小时的访谈里，李安一再强调，用他温和却坚定的语气，"你勇敢、愿意真诚面对，会开拓出很多空间、很多思路。当在做这样的开放时，那个能量会影响到你的观众，他会跟着进来。"

人生的春夏秋冬都经过，李安对人性的诸多面相，有刻骨铭心的体验。

因家庭的迁徙，小学起就经历文化冲击，在外省中原文化和日式本省文化间寻求平衡。自小是家中最受宠爱与期待的长子，却连续两次大学联考落榜，无颜面对担任高中校长的父亲。在艺专找到舞台与信心，一路担任男主角，还曾获大专话剧比赛最佳男主角奖。赴美留学时，却因语言问题，只能演哑剧或小配角。专心朝电影导演发展后，找到最适合自己的表现方式，毕业作在纽约大学影展上获得了最佳影片与最佳导演两个奖项，美国三大经纪公司之一的威廉·莫瑞斯当场要与他签约，没想到在美国一留六年，一部片子也拍不成。

戏里戏外两个李安

众人无法想象，三十好几、有妻有子的男子，如何能熬过六年失业在家的日子，而不认赔杀出。李安却说："这是我要做、是我爱做的事情，毫无反悔。我不会说这把我撒错了地方，我后悔，从来不会。"

找到自己的兴趣，追求自己的梦想，不断学习成长，这个小学生都懂的基本道理，却极少人能像李安一样，用全部的生命来孤注一掷。这样的笃定，来自真诚地面对自己。"我一直知道我要什么，其实很简单，就是一部接一部地拍，然后适应，然后从生命里面学习。"

从生命里学到的深刻功课，李安直接、间接通过银幕传达出去，触动观众内心深处相同的情感。"拍电影是很真切的体验，里面有我许多挣扎。"李安曾说。许多看过父亲三部曲——《推手》《喜宴》《饮食男女》的观众表示，这些电影，帮助他们面对与家人间的复杂情绪，用爱与勇气进行对话与沟通。

也因为在高峰、低谷间来回摆荡过，李安看人性的挣扎，有着很大的同情。"我大概很适合跑到另外一个人的身上，这跟同情心有关。同情心不是可怜，是相同感情的意思。"他厌恶权威，厌恶用集体的、制式的、是非黑白的模子去简化、判断人性，"或者用一个很简化、符号性的东西去凝聚力量。有那种力量，我就要想办法把它打散，把它解构掉，"李安表示，解构之后，通过检讨、沟通，"彼此了解，就不会那么剑拔弩张。"

因此，李安的电影，经常采取违反常规的角度：从南军的角度看南北战争（《与魔鬼共骑》）、剖析"超级英雄"的父子情结与心理创伤（《绿巨人浩克》）、从恐惧的角度塑造汉奸（《色·戒》）、大侠也在伦理与欲望间挣扎（《卧虎藏龙》）。

很难想象，这么一位处理复杂议题，直指人性深处的大导演，面对现实生活，却束手无策，"很容易被骗，"说起因人老实、脸皮薄，不会拒绝人，而有无数被骗的经历，李安笑着说自己是"不太有用的那么一个人"。

但一进入电影世界，李安却是面对千军万马，指挥若定。他和在英国剑桥大学主修英国文学的艾玛·汤普森，合作英国文学片《理智与情感》，赢得她的尊敬；他导演安妮·普劳克斯的《断背山》，让这位以深刻描写美国西部文化著称的作家，极度推崇；他和武打片大师袁和平合作《卧虎藏龙》，拍出意韵深远的武侠片。

戏里戏外，怎么有这么大的差别？

答案还是回到李安的本心——他所有的注意力都在电影上；电影之外，他不浪费心力，否则，"人就会松散、不专心，就会注意力不集中。"李安解释。

求真求准不妥协

电影世界里的李安，要求精准，不轻易妥协。是不是好人已经不重要，而是要领着武林高手，精准传达复杂深刻的人性。

他不但要求演员情感表达得细致深刻，就连最小的道具、布景都不放过。作家龙应台曾经为文赞叹过李安拍《色·戒》："以'人类学家'的求证精神和'历史学家'的精准态度去'落实'张爱玲的小说。"文章中提及，戏里所有的尺寸都是真的，包括三轮车的牌照和上面的号码。街上两排法国梧桐是一棵一棵种下去的，还特别订做了一部真的电车。

这种求真、求准的精神，极度磨人。经常在挑战工作人员的极限，但也激出了惊人的成长与超越。

《十年一觉电影梦》里，李安生动地描写他和人称"八爷"的袁和平，如何"相互刺激，天天就这样折腾"。李安要求编招时要"把角色个性融入动作""打斗中得有故事，不能干打"。李安的许多要求，常让袁和平做得碍手碍脚，长吁短叹，一些动作无法做到也很沮丧。但整个武术班底仍不断实验，拼命尝试，激发出很多新做法，终于拍出经典的竹林追打戏，达到李安要求的"打出一种'意境'"。

不过，还是经常有用尽力气，还做不出来的情况。袁和平最常挂在嘴上的一句话就是："电影是遗憾的艺术。"

何止电影，对李安而言，人生本来就有太多无可奈何的遗憾。"人尽力了，还委屈。人尽了力量，事情还不行。"是最令李安感动的。因此，他电影里的很多主角，像李慕白（《卧虎藏龙》）和王佳芝（《色·戒》），都很卖力。但因内在、外在的种种因素,事情做不成。但他们都尽力了,甚至付出自己的性命。

带着悲悯的眼光看这一幕幕,李安以爱作为最后的救赎。戏的末尾,玉娇龙拼了命为李慕白找解药、易先生坐在王佳芝的床上流泪。"(爱的)本质可能是一团雾,摸不清楚。可是你的需求、当你感受到的时候,那是很人性的感觉,这个我是很肯定的,也一直是我不会放弃的。"李安说。

导戏,更导演人生

李安导演的,不只是戏,还有人生。引领观众走进人性的细致幽微之处,李安具有一种独特的穿透力,可以进出东西文化、古今题材、性别角色、电影类型……

"我的出身老是在漂泊,我们外省人到台湾,适应这里,然后到美国又适应美国……我游走过很多的地方,在中间发现很多东西,"李安强调,历史为台湾带来多元文化的沃土,是很宝贵的资产及优势,千万不要轻易抛弃,"文化这种东西,要维护很困难,要不爽把它丢掉,很快,一断层就没有了。"

因此,李安有很强烈的使命感。身为历史交接的这一代,"我觉得我有责任，要留下一些东西，"李安说，"这是策动我做国片一个很重要的动力。"

李安希望通过电影，为下一代留下可以回溯历史的影像。更希望通过电影探讨的议题，促进沟通。

"人要做深层的沟通，才会感觉到爱。"李安强调，"电影应该是一个 provocation（刺激），不是一个 statement（宣言）。真正好的电影，是一个刺激想象和情感的东西，刺激大家讨论。"

李安说话，和他的电影一样，引人深思又有抚慰的力量。然而，再精彩的戏，终有散场的时候。他笑着说再见，招牌的酒窝更深了。其实，这不是酒窝，而是小时候被狗咬留下的伤疤。

如果电影是遗憾的艺术，那现实人生应是面对遗憾的艺术。真诚的笑容，能让伤痕变酒窝。真诚地面对人性，就让遗憾还诸天地。

——◎苏育琪 原载《天下杂志》第 400 期，
2008 年 7 月 2 日出刊

成长悟语

这世界上唯一扛得住岁月摧残的就是才华。

坐着等待，好运不会从天而降，就算命中注定，也要自己去把它找出来。

电影是遗憾的艺术，而人生，是面对遗憾的艺术。

人生就是不断地放下，然而痛心的是，我还没来得及与你们好好告别。

人生不能像做菜，把所有的料都准备好了才下锅。

鹿野忠雄：漂洋过海，只为心中的热爱

十四岁的年纪，你在做什么？

是挥汗与未来的基测考题对抗？

是想着等会儿放学，赶到补习班抢位子？

还是，盘算如何向隔壁班的女孩要联系方式？

曾经，有位十四岁的少年鹿野[1]，在他初二暑假那年，一个人转了几趟车，展开生平第一趟长期采集之旅。

那一次，他在野外待了三十多天，他回到东京后，写了一篇《福岛县产蝶类目录》的文章，刊登在日本一家专业的昆虫杂志上。

福岛县是他父亲的家乡。

---

[1] 鹿野忠雄（1906-1945），日本殖民统治时期居台日籍人士中著名的博物和人文学者。

蝴蝶，是他喜欢的昆虫之一，他不只是喜欢锹形虫、独角仙，除了采集、饲养、观察，他还不断地自我进修，同时在杂志上，用日文、英文发表他研究的心得与报告，引起昆虫同好的注意。

这个昆虫少年名叫鹿野忠雄，出生在 1906 年的日本东京。

东京当年，近郊还有田野，可供鹿野追寻昆虫的足迹。

台湾当年，还是日本的殖民地。

鹿野十五岁那年，著名的昆虫学者江崎悌三从台湾采集回来，带回台湾的昆虫标本给鹿野看：

我探视标本箱中新奇而艳丽的甲虫和蝶类，不由得惊叹，南方之岛的台湾，竟然有如此美丽且丰饶的大自然！我边看边听江崎博士谈台湾原住民令人着迷的一切……①

在江崎的口中，台湾岛上有高山，海拔三千公尺的高山罗列成海般的壮阔；有不同的少数民族，这些民族还保有原始的风俗习惯，令人向往；台湾，还有丰富的热带鸟类、昆虫与动物。

听着听着，鹿野浑身发颤，心跳加快，十五岁少年的心，仿佛正被南方丛林里的小精灵召唤。

江崎博士大概没想到，他带回来的标本，竟然让鹿野忠雄

①节录自《山、云与蕃人》作者序。

下定决心：

"我要去台湾读书，尽情地采集昆虫，探访原始民族，攀爬高山峻岭！"

心愿好下，实行起来却是困难重重。

在当年，台湾是日本的殖民地。台湾总督府虽然设有一所高等学校，却只收中学生，并没有设立高等科来接纳中学毕业生。

鹿野的父母不想让孩子跑到台湾去读书，就给了他一笔钱，要他留在日本读高校。

"日本也有很多稀奇的昆虫呀。"母亲劝他。

可是鹿野没去学校报到，一溜烟跑到南库页岛去采集昆虫。

鹿野的坚持，让父母摇头叹气："为什么非得去台湾？"

是啊，为什么非得到台湾不可呢？

鹿野知道，台湾气候较日本更为温暖，小小的岛上，高山与平原的落差极大，衍生出丰富的物种与人文风貌，这一切，并非日本所能比较的，这些条件吸引着鹿野，也让他下定决心，非到台湾不可。

天下无难事，只怕有心人。鹿野的心愿，老天好像听到了。

就在鹿野中学毕业的来年，台湾高等科学校真的成立了。鹿野心想事成，顺利通过入学考试，手持捕虫网，背着行李，就这么搭上船，朝着梦想，抵达台湾。

鹿野来到台湾的年代，平原区大多被开发了，但是高山上，依然保留着自然原始的状态。

鹿野少年的心按捺不住激动，船到台湾，学校还没开学，他立刻奔向台北近郊的乌来、北投和阳明山。那个年代，交通不便，没有公交车到达的地方，鹿野就徒步接近，即使要露宿野外，他也很坦然。

当时高校的宿舍，就在今天的建国中学附近，学生宿舍边就是植物园，到了晚上，经常会有昆虫被灯光吸引飞进室内。鹿野会手拿捕虫网，就在宿舍里追逐飞虫；上课的时候，偶尔飞过罕见的虫子，鹿野就像个武林高手般，立刻跳窗追了出去。

"这孩子……"老师摇头苦笑，全班哄堂大笑。

笑声中，鹿野又从窗外跳了进来，手里有只黑底白点的天牛。

"就只是一只天牛嘛！"老师看了一眼。

"没错，是天牛，不过它翅鞘上的白斑比较细碎，奇怪，是没见过的品种……"

这种情形时常发生，久而久之，老师同学们对他的行径也就见怪不怪。他住的地方，堆满了采集回来的标本，搜集的书刊、杂志，没多久就被同学们封为"昆虫博士"。

整天沉迷在昆虫世界的鹿野，在新创立的台湾高校里，得到了最自由的学习环境。课堂关不住他探查自然的脚步，对他来说，整个台湾才是他学习的教室。为了追查昆虫，他开始攀爬台湾的高山，山上人迹罕至，原住民部落的风采，也使他着迷。从此，他由昆虫进入高山地质的调查，又加入对台湾原住民的人文、风俗、传说的搜集与研究。

有了高山、原野的锻炼，削瘦的鹿野，渐渐变得粗壮了，宽厚的胸膛，结实的肌肉，让他更有勇气挑战高山的严苛考验。

留在台北的时候，他自修拉丁文和希腊文，为的就是把找到的各种生物，与国外的图鉴做比对。

日本殖民时代，有许多山区是不允许一般百姓进入的，那里时常会有原住民与日本警察对立、抗争的事件，但是鹿野在山里自在走动的样子，就像个原住民一样。他学会泰雅族、布农族的话，好多的部落，都有他的朋友，原住民待他像家人一样，鹿野在部落里也很自在，他写信给家人时，甚至提及："我已经有信心成为一个原住民了。"

当时还有个传说：

鹿野去一个原住民部落做调查，也许是待了太多天和大家混熟了，也许是他的礼貌和学养让酋长很欣赏，总而言之，酋长高兴之余，决定将女儿嫁给他。

"你一定得答应，不然，就是瞧不起我。"

酋长的盛情，让鹿野羞涩得不知如何是好，他想尽办法推辞，最后虽然逃婚成功，却来不及赶回高校参加毕业考。

如果只是单纯地没有参加毕业考，或许还有补救的机会。

但是鹿野读了三年高校，真正的上课日数，竟然连三分之一都不到。

校方准备开除他，幸亏在最后关头，由校长亲自保证："这个学生未来将成大器，不能开除。"

幸好有了校长亲颁的"免死金牌"，这才取消了校务会议的开除令，转而给予留校察看一年的处罚。

不能毕业，还要留校察看一年，鹿野该好好把握，按时上课了吧？

噢，不！

如果他就这样放弃山野，远离昆虫和迷人的原住民部落，那他就不是鹿野忠雄了。

鹿野忠雄高四那一年，他的身影依然活跃在台湾高山上：

五月，鹿野计划到阿里山以南地区登山探险，因为那里是布农族"最后未归顺蕃"，日警禁止一般人出入，鹿野打算秘密进入。

出发前，一向体格强壮的鹿野感染了登革热，在医院足足躺了五十天，身体也瘦了七公斤半。关在医院的生活，鹿野认为是忧郁的，出院前，医生还严重警告他，身体刚恢复，暂时不要登山，不然很有可能会再复发，但是医生的警告阻挡不了他的决心。

七月，他在阿里山待了一个礼拜，然后展开一连串登山行动，连登卓社大山、能高主山、奇莱主山等三千公尺级高山。

八月，深入花莲立雾溪，回到台北又加入中央尖山攻峰队。

中央尖山攻顶后，他与日本来的登山队会合，爬了南湖大山、雪山，然后独自进入雾社山区，直到九月才回台北。

第二年正月，鹿野纵走合欢山，攀登毕禄山。

这是高四那年，鹿野忠雄所记录的登山行程，如果加上他写作论文、户外采集，田野调查……这么看来，他真正在学校的时间，实在很有限。

转眼又到了毕业典礼前夕，他的上课日数依然不足。

在校务会议上，学校的教授激烈地辩论"该不该让鹿野忠雄毕业"的议题。赞成与反对的教授人数相当，最后只好再请三泽校长裁决。

"鹿野忠雄君嘛……"三泽校长知道，鹿野忠雄并不是贪玩，这个少年把课堂搬到了野外，他发表的论文，其实已有一流的水平，他探索的科目之广，更不是学校所能给予的，照三泽校长的看法，培育出这样的学生，才是学校教育的目的。

三泽校长点头放行，让鹿野忠雄顺利毕业，进入东京帝大为他热爱的昆虫、地质及民族学做研究。

在帝大读书的时候，鹿野忠雄的眼光始终朝向南方，在这个太平洋南方的岛上，有他喜欢的原住民朋友，有他热爱的野生动植物，他像候鸟般，总是想尽方法找理由回到台湾走走，其中，光是兰屿，他就至少去了十次，停留的日数加起来超过一年。

太平洋战争时，他被军方要求前往婆罗洲日军占领地做调查，鹿野也想趁机去了解台湾原住民与东南亚民族的关联。

令人痛心的是，这个集博物学、动物地理学、民族学于一身的学者，竟从此失踪于南十字星下的热带丛林里，那年，他才三十八岁。

直到今天，依然有很多人相信，鹿野忠雄其实还在婆罗洲某个部落里做研究，或许哪天，他研究得透彻了，他就会戴着属于他的标志，一顶宽边的探险帽，手里持着捕虫网，回到他热爱的台湾来……

◎王文华

成长悟语

心愿总是容易许下的，但真正实行起来却是困难重重。

天才在别人眼中大多都是怪人。

人这一生中最有意义的事，就是找到一件自己感兴趣的并全身心地投入进去。

能否定你的只有你自己。

吴季刚：坚持我所爱的，热爱我所做的

米歇尔·奥巴马的一个回旋，就把吴季刚①转上了世界的舞台。

美国第一夫人米歇尔·奥巴马，在奥巴马总统就职晚宴上，选择了一袭象牙白色雪纺纱露肩晚礼服，她穿着这套有着银色手工刺绣并缀满了水晶的优雅华服，与奥巴马翩翩起舞，全场的焦点都聚集于此，全球时尚界都在问："设计这件礼服的Jason Wu是谁？"

那一刻，二十六岁的吴季刚自己也是从电视转播上才知道，他和同事们不眠不休赶工了一百多个小时的精心作品，竟然真的被第一夫人挑中，他立刻拿起电话打回台湾。

---

①吴季刚，1983年生于台湾，著名华裔设计师。

"第一通电话里，他竟然一直哭，他爸爸安慰他，叫他别那么激动，先平静一下情绪，我们过一会儿再打电话跟他聊。"知子莫若母，吴季刚的妈妈陈美云回想起来，心中明了为什么儿子的反应会这么激烈，那不单纯是一种骄傲、欣慰和梦想成真，还有一种终于证明自己的百感交集。

吴季刚在电话里说："妈妈，我帮你争回面子了，再也不用担心别人会笑话我们了。"

爱玩娃娃、看婚纱的小男孩

今天光芒耀眼的服装设计界新星，除了幸运，成功其实是来自真诚面对自己的坚持，和母亲一路相伴的支持。

吴季刚从小就是个特别的孩子，小男生爱玩娃娃、看婚纱，也喜欢看京剧。京剧名伶郭小庄在国父纪念馆盛大公演时，还在念幼儿园的吴季刚就因为喜爱她的扮相，央求家人带他去看戏，小小年纪不但不吵闹，散戏后还直说主角好美，真想向郭小庄握手致意。

从五岁开始，吴季刚就对新娘礼服百看不厌，陈美云每个星期都会依着他的要求，带他到台北市各个婚纱礼服店的橱窗前，让他细细地看，并且画下礼服的样子。他喜欢玩娃娃，陈美云和吴季刚的阿姨就到处去帮他买，结账的时候还要想办法避免店员用奇怪的口气说："怎么是小男生要买的呀？"

吴季刚的父亲吴昆民从事动物用维他命矿物质代理，是一位白手起家的中小企业家。母亲陈美云则把所有的心思都放在教育两个儿子身上。小学四年级时，吴季刚的父母就决定，为了让这个特别的孩子有更适合发展的环境，由陈美云陪伴他和长三岁的哥哥，前往温哥华，吴昆民留在台湾打拼事业，一家人分隔两地。

在温哥华的那段日子，吴季刚依然拿起纸来就开始画娃娃，家里也到处摆着他自己动手做的娃娃。正因如此，亲朋好友来到家中不免会惊讶，为什么一个小男孩对娃娃这么感兴趣。为了减少异样眼光的干扰，陈美云还特别把家中地下室空出来，帮吴季刚布置成一个工作室，让他可以尽情发挥。

当然，吴季刚的特殊天分也很快受到注意。经由介绍，陈美云带着吴季刚和他画的图、做的娃娃，前往温哥华格兰威尔岛设计学校（Granville Island Design School）找服装设计系的系主任，请对方当家教。原本系主任不愿教一个只有六年级的小学生，但觉得小季刚实在有天分，决定破例授课。

大学教授破例调教小学生

其后，系主任又介绍了自己的学生、一位年轻设计师塞德勒（Tyra Zeildler）给吴季刚，不到十五岁，吴季刚就从塞德勒那儿，学会了与服装设计相关的画设计图、剪裁、认识布料和缝纫等各种技巧。

回想当年在温哥华的茫茫雪夜里，妈妈总是提起胆子、带着吴季刚在晚上开车去学服装设计；娃娃的衣服那么小、那么细致，他却要耐着性子用做大人衣服的缝纫机，去练习缝制特小号的娃娃衣，每当失去耐性不愿做裁缝时，妈妈就会提醒："老师说，如果你只会画图、不懂缝纫，你就不可能成为一个真正让人服气的服装设计师！"难怪吴季刚会说，父母对他的选择无怨无悔地支持，是帮助他成就梦想的最重要动力。

"我其实是一路想改变他的，却也一路看着他越来越爱设计、越来越坚持。"陈美云坦言，自己虽然会尊重孩子、尽力满足孩子的需求，却也不免对孩子有着传统的期望。

未满十八即当上设计总监

她知道有艺术天分的孩子，多半不喜欢念书，因此她和吴季刚约法三章：一定要念到大学毕业，除了英文之外，还要学会一种欧洲语言，而且，行为要端正。青少年时期的吴季刚，被送往美国马萨诸塞州的寄宿学校念中学，他依照和妈妈的约定，努力学法文，高三时取得前往巴黎做一年交换生的机会。

事实上，前往巴黎念高三之前，吴季刚就已经在娃娃设计界闯出名号，他参加首届于欧洲举办的芭比娃娃国际设计比赛，击败各国高手拿下晚礼服和新娘礼服项目的双料冠军，他设计的娃娃并且在随后举行的巴黎娃娃大展中得到亚军；不到十八岁，已是美国 Integrity Toys 旗下的精品洋娃娃品牌 Fashion Royalty 的创意总监，设计的洋娃娃被摆在纽约第五大道上最著名的贵族玩具店 F. A. O. Schwarz 出售。

三年前，某一款吴季刚设计的限量娃娃在 F. A. O. Schwarz 开卖，陈美云特别前往纽约参加开卖晚会，她不敢相信在雪夜里前往排队的长长人龙，竟然都是为了希望抢下一只吴季刚所设计的娃娃。

F. A. O. Schwarz 的老板握着她的手谢谢她生了这么一个

有才华的好儿子，"我那时莫名地感动，心想季刚终于玩娃娃玩出头了！"陈美云脑海里浮现吴季刚小时候流连在玩具店里舍不得离去的模样，"我还记得他说，他将来长大，一定也要设计一个娃娃放进 F. A. O. Schwarz 的店里。"

从设计娃娃到设计服装，吴季刚很有计划地一步步朝自己的目标前进。高中毕业后他申请进入美国最好的服装设计学院——帕森设计学院（Parsons School of Design）就读，许多全球时装界知名设计师①都是该校校友。不过，吴季刚并没有真正从帕森毕业，因为大四那一年，他抓住机会开始在设计大师 Rodriguez 身边实习，并且忙着创立自己的设计品牌。2006年2月，吴季刚在纽约时装周举办了自己的首场服装秀。

得到美国第一夫人两次青睐

在纽约设计界的人常说，有两种人在纽约初入行时最辛苦、薪水最低，一是建筑业，另一个就是服装业。想在纽约成名的年轻设计师何其多，更何况纽约时装界仅次于巴黎、米兰，是全球竞争最激烈的战场。

———————————
①包括 Calvin Klein、Donna Karan、Marc Jacobs 等。

"亚裔要出头并不容易，再加上像吴季刚这样具有不同文化背景的人，在纽约真是到处都是，因此吴季刚除了才气，也很有运气。"同样是小留学生、帕森毕业，自创童装品牌Poesia、也成功打进美国精品店与高级百货公司的华裔设计师张文轩分析，吴季刚2008年入围美国时装设计协会①新人奖，等于设计实力已经被认可，再经过特别受到美国第一夫人的两次青睐（米歇尔2008年11月就曾穿着吴季刚设计的黑白相间洋装，接受美国ABC电视台主播芭芭拉·沃尔特斯专访），又加上他十分年轻，未来可谓潜力无穷。

《纽约时报》形容吴季刚的设计风格偏女性化、带有复古味道，他擅长运用花的图腾和明显的腰身、蓬裙来突显女性的优雅。而为米歇尔·奥巴马设计的晚礼服，吴季刚则解释，除了闪亮、端庄，他希望能展现米歇尔内在的坚强个性。这件礼服也会依照惯例被送到美国国家历史博物馆珍藏，成为历史的一部分。

当时的吴季刚，正忙着筹备自己于2月13日纽约时装周第一天登场的服装秀。这个有礼貌、很诚恳、有一些害羞腼腆、并不是很会说话的年轻人，在接受过包括CNN等美国各大媒体采访、讲述自己为米歇尔·奥巴马设计礼服的经过与概念后，

---

①即CFDA（Council of Fashion Designers of America）。

却在面对家乡媒体时有另一番真诚的分享："我真心希望所有的父母，当你发现你的孩子有特殊的才艺与兴趣时，能够多鼓励他们、尊重他们，并尽可能地给他们空间和学习机会！"

原来，这位年纪轻轻、新出炉的"台湾之光"，最令人印象深刻的不是他的设计、他的才华，而是他真诚面对自己、永不放弃追寻的勇气。

——◎马岳琳 原载《天下杂志》第 415 期，
2009 年 2 月 11 日出刊

成长悟语

真诚地面对自己，永不放弃追寻的勇气。

追求自己喜爱的，不必活在他人的目光中。

证明自己，是你对别人嘲笑最好的回应。

只要你一直坚持自我，没有人能改变你。

著作权登记图字：01-2017-5986
本书由亲子天下股份有限公司正式授权

图书在版编目（CIP）数据

成长，就是一场和自己的较量 ／ 王文华主编．－－北京：新星出版社，2018.1
ISBN 978-7-5133-2827-2

Ⅰ．①成… Ⅱ．①王… Ⅲ．①成功心理－青少年读物
Ⅳ．① B848.4-49

中国版本图书馆 CIP 数据核字（2017）第 217261 号

成长，就是一场和自己的较量
王文华　主编

责任编辑　汪　欣
策　　划　好读文化
设计装帧　仙　境
责任印制　史广宜

出　　版　新星出版社　www.newstarpress.com
出 版 人　谢　刚
社　　址　北京市西城区车公庄大街丙 3 号楼　　邮编 100044
　　　　　电话（010）88310888　传真（010）65270449
发　　行　新经典发行有限公司
　　　　　电话（010）68423599

印　　刷　北京富达印务有限公司
开　　本　880毫米×1230毫米　1/32
印　　张　5.75
字　　数　92千字
版　　次　2018年1月第1版
印　　次　2018年1月第1次印刷
书　　号　ISBN 978-7-5133-2827-2
定　　价　38.00元